[西] 贝林 · 加科瓦 · 马丁 / 著
李沛姿 / 译

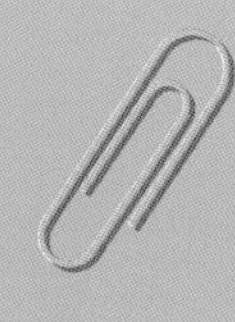
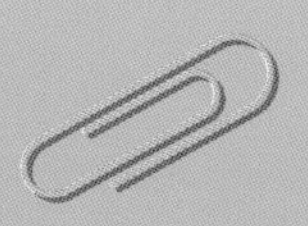

YOU YISI DE BAIKE ZHISHI KETANG

有意思的百科知识课堂

数学

北京时代华文书局

10%
40%
70%
1
5
4
6
9
7
3

目录
contents

本书中“想一想，做一做”板块建议在保证安全的前提下，由家长指导进行。

数学，真的有用吗？

你可能经常听到“数学好难”这样的话，并理所应当地认为数学确实“难得不得了”，但事实并非如此。你日常做的每一件事中，都有数学的影子：玩游戏、天气预报……你需要从数学的视角来看待这个世界。

1

新房子

如果你的父母想买房子，那是数学：他们必须知道房子的价格，向银行申请贷款，然后每月攒钱，按期还房贷。而且建造房屋也需要用到数学啊！

2

买东西

从你进入超市的那一刻起，你就被数学包围：你的购物车里的每一样东西都有一个数字代码，这个代码代表了谁制造了这件商品；当你到柜台结账时，收银员会用激光扫描每个标签，然后商品价格会出现在屏幕上；最后，轮到你付款了，如果你用现金付款，收银员可能还需要给你找零钱……

3 烹饪食谱

在烹饪美食的过程中我们也需要数学：为了让菜肴美味可口，我们会遵循一定的用量规则准备材料、添加调味料。如果食谱是来自使用不同测量体系的国家或地区，我们还需要进行单位转换，比如：磅和克。

4 我的手工艺品

如果你想让自己的手工艺品尽善尽美，你也要用到数学。比如：你需要根据一定比例来混合颜料，需要知道为了制作学校的壁画墙需要用多少张卡片。

5 动物王国

动物们也会用到数学！是的，尽管数学对动物而言并不像对我们那样重要，但某些物种（比如鸟类）能意识到它们的孩子是不是都在巢中。

想一想，做一做

阅读下面的例子，了解数学在我们日常生活中的重要性：

你要过生日啦，你准备举办生日会，你需要知道要邀请多少个朋友，所以你必须要数一数！

如果你想知道还有多少天才能放长假，你也需要用数学知识算出来！

现在仔细想一下生活里需要运用数学的情况，充分发挥你的想象力吧！

一切都有一个开始！

我们无从知道人类到底从哪一天开始使用数学，但是我们知道学校几号开学、几号放假。数学是人类根据自己的需要开发出的产物。

史前

当人类不再迁徙游荡，开始在一个地方扎根生活，开始畜牧和种植庄稼时，人类就开始数数了，但是那时候数数的方式和我们今天数数的方式并不一样。史前人类使用符号，例如：新石器时代的猎人会在他猎取的每头猛犸象的骨头上做记号。

2

古罗马早期

牧羊人用一块石头代表一只羊，也就是说，有多少块石头就有多少只羊。当他晚上重新聚集放出去的羊群时，每有一只羊进圈，他就会在一个容器里放进一块石头，如果最后有石头没放进去，就意味着有羊丢了。不过虽然他知道有石头没放进容器意味着羊少了，但他说不清楚自己到底少了几只羊，因为那时候他并不知道什么是数！

如今

现在我们仍然使用计数体系，你曾用自己的手指头数数吧？你应该知道每个手指头都可以代表一个物品，你可以用这个方法数数。当然，如果你学过数字计数，那一切将更加容易，因为每个数字都有一个名字，我们可以轻易得知具体的数量。

数字的重要性

数字计数更准确。比如在古罗马的那位牧羊人的例子中，如果牧羊人知道如何用数字计数，那么他就能轻易地数出自己到底丢了几只羊，是2只、5只还是7只。

想一想，做一做

你可以随着那位史前猎人去猎猛犸象，试着把猛犸象骨头上的记号和具体的数字相连，看看他到底捉到了几头猛犸象：

a ||||||| 　　3头猛犸象

b ||| 　　5头猛犸象

c ||||| 　　7头猛犸象

答案：

ⓐ 7头猛犸象

ⓑ 3头猛犸象

ⓒ 5头猛犸象

数字无处不在！

在很久以前，我们人类就开始用数字符号代表每个数字，这样计数就变得很简单，我们也不会搞错数字了，我们把用数字符号表示数字的方式叫作数字体系。

古埃及时代

古埃及人用象形文字和图画表示词语和物品。不过象形文字并不是古埃及人独有的，玛雅人和中国人也使用象形文字。

古埃及人

I	n	◎	𓆼
1	10	100	1000

玛雅人

•	••	•••	••••	—	=
1	2	3	4	5	10

中国人

一	二	三	亖	𠄡	丨
1	2	3	4	5	10

美索不达米亚文明时期

1小时是60分钟，1分钟是60秒。这种以“60”为基础的时间计数方式想必你并不陌生，但你可能不知道是美索不达米亚的居民们最先使用这个时间计数方式的，他们还能利用数学知识做各种运算。

1小时

3 古罗马时代

古罗马人用字母代表数字，每个字母都如同古埃及人、玛雅人或中国人的象形文字一样，有自己的含义：

I = 1　V = 5　X = 10　L = 50

C = 100　D = 500　M = 1000

通过这些字母，他们可以表示所有的数字，只不过这套表示方法不太容易掌握。相同的数字连写，所表示的数等于这些数字相加得到的数，如2写作Ⅱ，3写作Ⅲ；如果较小的数字在较大的数字的右边，所表示的数等于这些数字相加得到的数，如6写作Ⅵ；如果较小的数字在较大的数字的左边，所表示的数等于较大数减去较小数得到的数，如4写作Ⅳ。

你知道吗，这套计数法持续使用了几个世纪之久。

4 现在

我们现在采用一套非常简单的数字体系，这套体系可能是基于我们拥有10根手指创造出来的，我们使用10个基础数字：0、1、2、3、4、5、6、7、8和9。我们通过这10个数字的组合表示更多的数字，所以我们需要考虑进位。我们把这套数字体系称之为十进制。

想一想，做一做

下面的罗马字母符号代表了历史上一些重大事件发生的年份：

❶
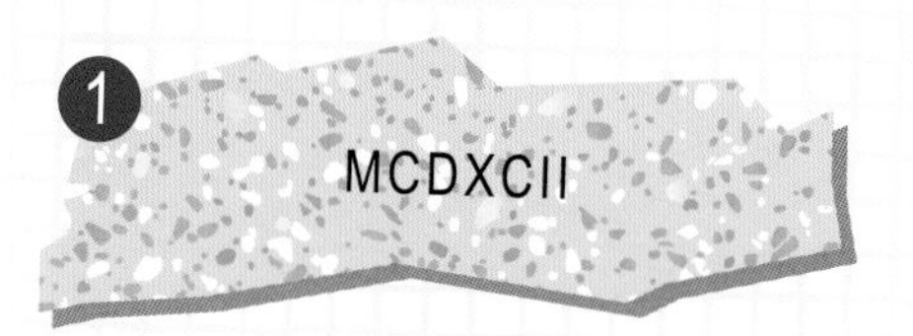

发现美洲大陆

❷
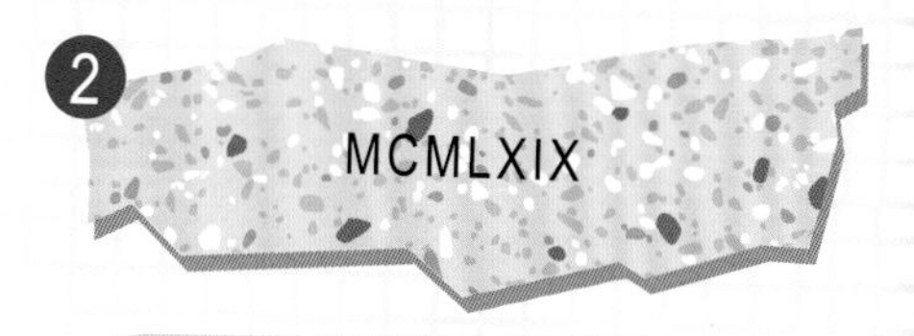

人类登月

❸
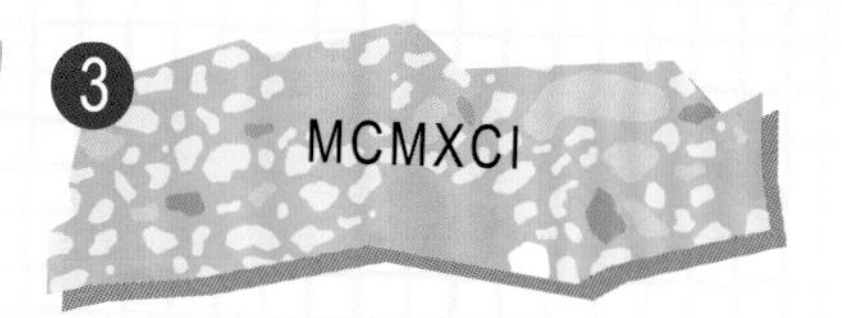

因特网革命

答案：❶ 1492　❷ 1969　❸ 1991

得出结果!

手指、算盘、计算器……它们都可以帮我们计算!知道如何计算非常重要,因为这样我们就可以在售货亭买东西,和朋友分点心,知道我们最喜欢的电视节目什么时候开播……

好多花!

本周你们学校要种三种不同的花,美化操场和校园,以后你们要照顾花花草草了。

你们要种植……

300株雏菊
+ 250株红玫瑰
150株白玫瑰
相加

总共700株花

总共有多少花?

很明显,为了知道有多少花,你应该把所有的花的数量相加!

2 我们如何做加法呢?

我们把一个加数放到另一个加数的下面,然后个位上的数和个位上的数相加,十位上的数和十位上的数相加,百位上的数和百位上的数相加。参阅此表格:

百位	十位	个位
3	0	0
+2	5	0
1	5	0
7	1 0	0

3+2+1是6,再加进位1

5+5是10,因此向前一位进1

结合律

如你所见，当我们有3个数字时，我们可以先把其中两个数字相加，然后把结果与第三个数相加，这就是所谓的结合律，请看：

$$300 + 250 + 150$$

$$550 + 150$$

$$700$$

交换律

你可曾想过，如果园丁先种150株白玫瑰，接下来种300株雏菊，最后种250株红玫瑰，结果会怎样？花会变多吗？还是会变少？其实花的总数是一样的，种植顺序无所谓！这就是交换律，也就是几个数字相加时，无论加数的顺序怎样变换，和不变：

$$150 + 300 + 250$$

$$450 + 250$$

$$700$$

想一想，做一做

在学校聚餐中，老师准备了45个三明治，12块饼干，98个蛋糕，还准备了32瓶水和15瓶汽水。

聚餐中总共有多少瓶饮料？

总共有多少甜点？

答案：

饮料：32+15=47　甜点：12+98=110

差一点点

去售货亭，去超市，买衣服，玩游戏……我们都离不开数字，有时候还会被它们给难住，特别是计算找零钱的时候，更是困难，因此我们得学会计算如何找零钱，才能知道别人找给我们的钱数对不对。

1 减法计算

此刻你在图书馆：你们是40个朋友一起去的图书馆，但是下午的时候有15个人离开去了另一个地方学习。现在图书馆还剩下多少人？

为了知道差值，咱们得学会减法，减法就是从一个数中减去另一个数。

十位	个位	
4	0	被减数
-1	5	减数
2	5	差

2 我带走了……

减法非常简单，减法的应用也比你想象的更加普遍。现在请你试试帮图书管理员计算手中剩下的书籍：图书管理员之前有92本故事书，你们上课时借走了27本，现在她还剩多少本故事书？

十位	个位
9	2
-2	7

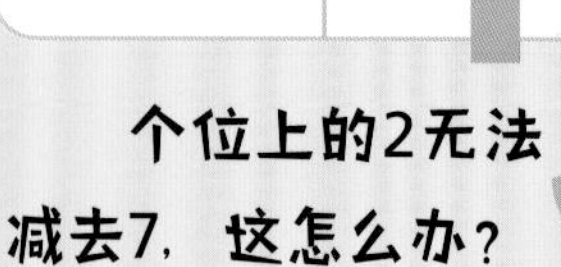

个位上的2无法减去7，这怎么办？

十位	个位
8	12
~~9~~	~~2~~
-2	7
6	5

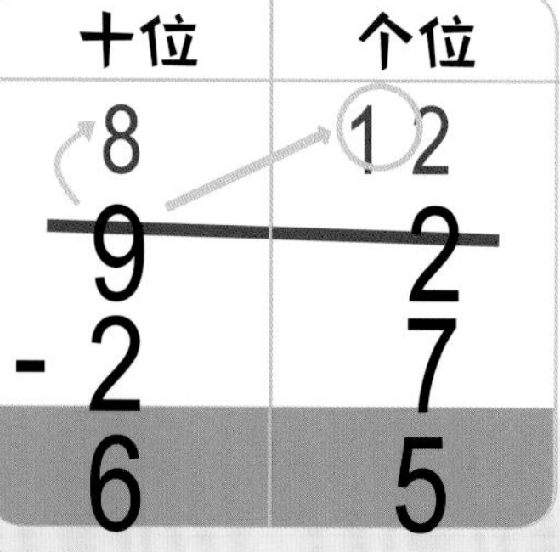

我们从十位上的9中拿出一个1（它相当于10），把从十位上借来的10加在2上，那现在够减了吗？然后十位上的9变成了8。这下就可以完成减法了。

更准

你得尽快完成减法作业才能出去玩儿……虽然作业有些难，但是我教给你一个技巧，你就可以算得更准：

如果你需要阅读31页故事书，现在你已经阅读了15页，你还剩多少页要读？

16页

验证一下！

十位	个位
	11
3	~~1~~
-1	5
1	6

5加6等于11，因此需要进一位

十位	个位
	11
3	~~1~~
2	
~~-1~~	5
1	1 6

1加1等于2，加上1个进位，所以等于3

特殊的证明

有一种可靠的方法可以让你知道你是否正确地完成了减法运算：将减法运算得到的差和减数相加，看看是否等于被减数。

15（减数）+ 16（差）= 31（被减数）

想一想，做一做

安娜想买一个玩具机器人（25元），但她的存钱罐里只有11元。

她还差多少钱才能买这个机器人？

做减法！

答案：

25-11=14元

我们重复了!

在学校里，我们坐成一排一排；在超市里，产品是按顺序排列的，每个都工工整整地占据一定的空间；如果我们乘公共汽车或火车的话，车上的座位也是按照特定的规律布置的……这样的话很容易就能知道班级里有多少学生，货架上有多少商品，车上有多少旅客。想知道是为什么吗?

乘法!

当你去电影院时，座位和排数都带有编号，因此你可以轻松地数出有多少排，以及每一排有多少座位。如果把所有排的座位加起来，你就会知道一个厅里可以容纳多少人，但是……难道没有更简单的方法计算出这个结果吗？当然有！你可以用乘法计算，乘法是将相同的数加起来的快捷计算方法。

怎么算呢?

今天你去了农场参观，那里有5匹马。我们想知道这些马总共有几条腿，加法可以是一种计算方法：

4+4+4+4+4=20条腿

乘法是相同的数连加的简便算法

5匹马
X4条腿
总共20条腿

乘数

看看这个表！

有了这个表，乘法就难不倒你啦！把黄色列和蓝色行相乘，结果就在下面。

如果我们把一个数字乘1，其结果和这个数字自身相同。你看！

乘数	1	2	3	4	5	6	7	8	9	10
1	1	2	3	4	5	6	7	8	9	10
2	2	4	6	8	10	12	14	16	18	20
3	3	6	9	12	15	18	21	24	27	30
4	4	8	12	16	20	24	28	32	36	40
5	5	10	15	20	25	30	35	40	45	50
6	6	12	18	24	30	36	42	48	54	60
7	7	14	21	28	35	42	49	56	63	70
8	8	16	24	32	40	48	56	64	72	80
9	9	18	27	36	45	54	63	72	81	90
10	10	20	30	40	50	60	70	80	90	100

想一想，做一做

分别用加法和乘法计算奶牛身上的黑色斑点数量：

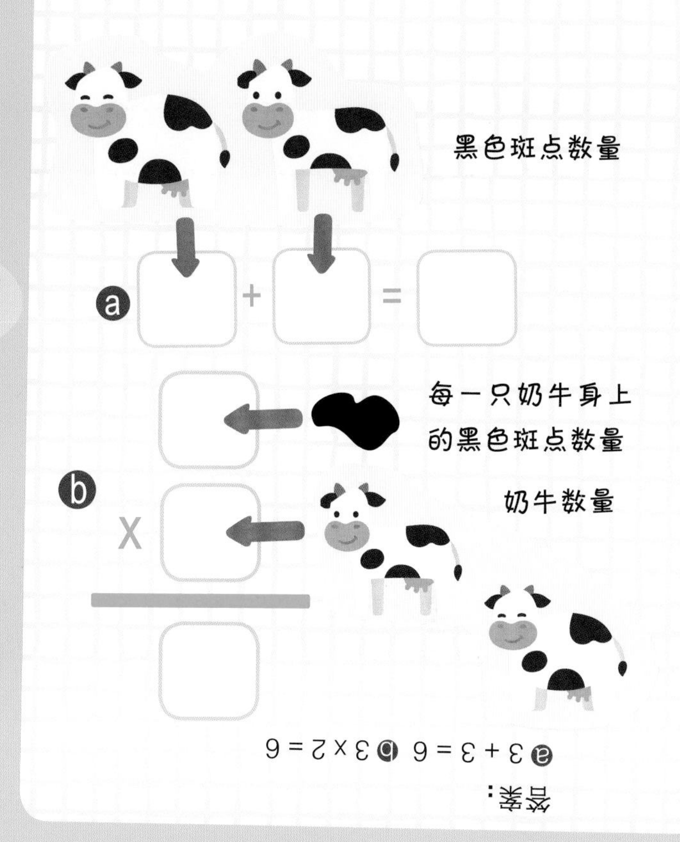

答案：

ⓐ 3 + 3 = 6 ⓑ 3 × 2 = 6

A.表中乘数2所在的行和列中的数字都是双数。

B.表中乘数5所在的行和列中的数字不是以5结尾就是以0结尾。

C.表中乘数10所在的行和列中的数字都以0结尾。不信你自己算算看！

可分，再可分

你肯定经常听人说“做人要懂得分享，要慷慨，不能独占某样东西”，所以有时候你会想把自己的东西分给朋友，并让每个人都有一份。这不是难事儿，你只要知道如何等分就可以，让我们一起去看看如何做到！

你一个，我一个

你在海滩抓了25只螃蟹，你想把它们平均分给爸爸和妈妈。你该怎么做？我们可以想到很多办法，比如：找2个桶，然后在每个桶里各放一只螃蟹，重复这个过程，直到螃蟹全部放进桶中为止。

除法就是把一个数分成几等份的运算

更快速地分配

之前的那个方法，你不觉得太过复杂吗？这样需要很长时间！其实分成两等份很容易，但是你能想象你可以在10秒钟之内完成吗？有没有更快速的计算方法？当然有，请看！

$$
\begin{array}{r}
12 \\
2\overline{)25} \\
2 \\
\hline
5 \\
4 \\
\hline
1
\end{array}
$$

被除数：要被拆分的数量（25只螃蟹）

除数：分成多少份（2，父母二人）

商：每一份对应的数量（12只螃蟹）

余数：多出来的数量（1只螃蟹）

3 除尽了!

如你所见，你剩下了1只螃蟹，但是如果再有1只螃蟹的话，就不会多出来了，也就是说除尽了。另外你还可以通过这个方法证明自己计算出的结果是否正确：你可以把商和除数相乘，看看结果是否等于被除数。

$26 \div 2 = 13$　　$2 \times 13 = 26$

如果有多出来的怎么办?

当然，你也清楚有些情况下是没有办法整除的，在分螃蟹这个例子中，我们要做的第一件事是寻找一个乘2之后最接近25，但不超过25的数字。然后我们可以在商这个地方写上12，然后从被除数中减去24。

$10 \times 2 = 20 \quad 20 < 25$

$11 \times 2 = 22 \quad 22 < 25$

$12 \times 2 = 24 \quad 24 < 25$

$13 \times 2 = 26 \quad 26 > 25$

< 小于

> 大于

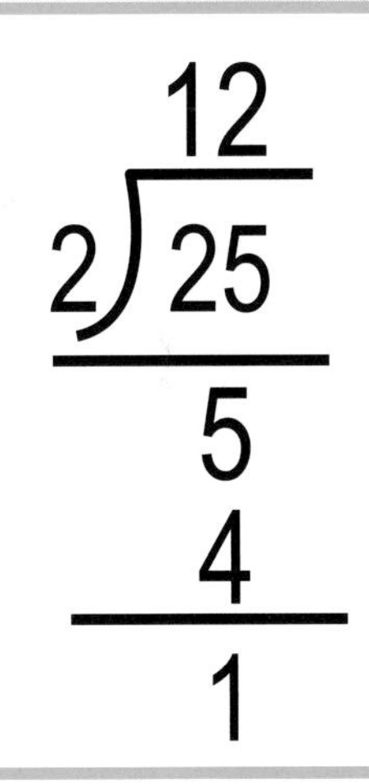

想一想，做一做

观察图片并回答：

ⓐ 你需要多少个2升的瓶子才能分光20升的水?

ⓑ 你需要多少个3升的瓶子才能分光20升的水?

答案：

ⓐ $20 \div 2 = 10$个

ⓑ $20 \div 3 \approx 6.67 \approx 7$个

你想要一点吗?

分母，分子……这么怪异的词会不会把你吓走？别担心，它们比你想象的要容易得多：分数指把一个整体分为若干相等的部分。

零食时间

今天，你要为妈妈准备零食，你们准备共享一个橙子，你该怎么做？当然是把橙子分成两半啊！

两半橙子

让我们分一下

现在，你有多少个橙子？好吧，你只有1个，所以你应该把它分成两等份。

=

3 分数，是什么？

现在想一想，半个橙子是否能用数字来表示？当然可以！这很简单，半个橙子可以用$\frac{1}{2}$个橙子来表示，在这个表述中：2是分母，是我们想要把橙子分成的份数；1是分子，表示其中的一份。

分子

$$\frac{1}{2}$$

分母

4 我们一起分享？

如果这是你家里剩下的最后一个橙子，而你的爸爸和哥哥也想吃，该怎么办？你只需要把它分成四个相等的部分即可！不过你的家人都知道你最喜欢吃橙子了，他们想把自己的那一部分送给你。注意，当他们每个人把自己的那一部分送给你时，你能得到的橙子的块数就发生了变化，这意味着如果用分数表示你的所得，分子应当变化，但分母保持不变。

分子

$$\frac{1}{4} \quad \frac{2}{4} \quad \frac{3}{4} \quad \frac{4}{4}$$

分母

想一想，做一做

现在看图，请用箭头把分数和相应的图形连接起来。请注意：

分子是图中涂成红色的部分。

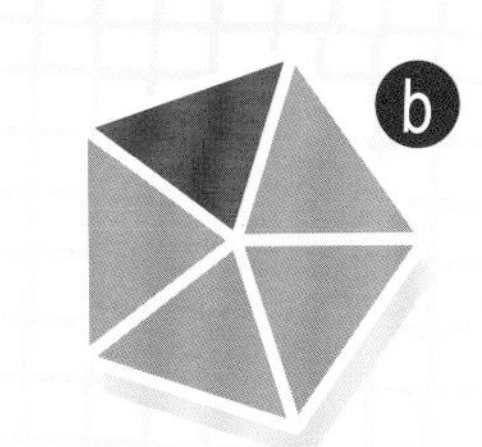

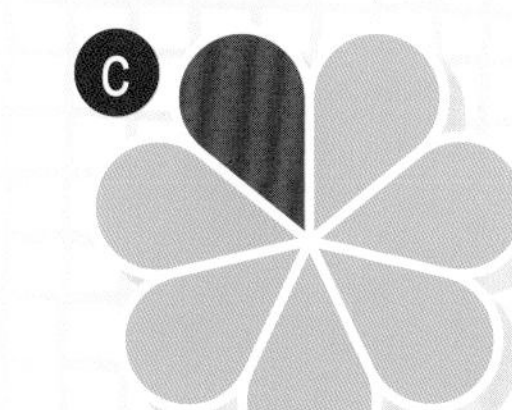

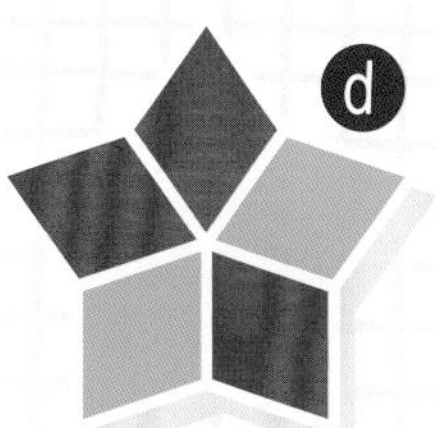

答案：1-c 2-d 3-a 4-b

一点规律！

有一位做比萨饼的师傅叫尼克拉，他有一门绝技，他可以根据人数把比萨饼分成相应的等份，让每个人分到的比萨饼大小一模一样。

分母相同的分数

想要比较分母相同的分数非常简单：分子数值越大，分数数值就越大。请看比萨饼的例子：

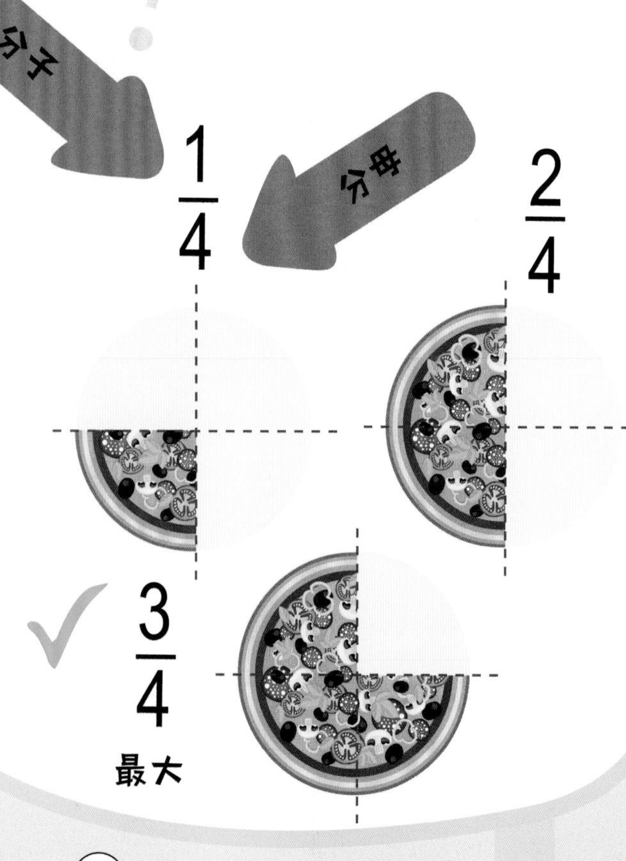

分子相同的分数

分子相同、分母不同的情况下，与前一种情况相反：分母越小，分数数值就会越大，也就是说所代表的比萨量越多。

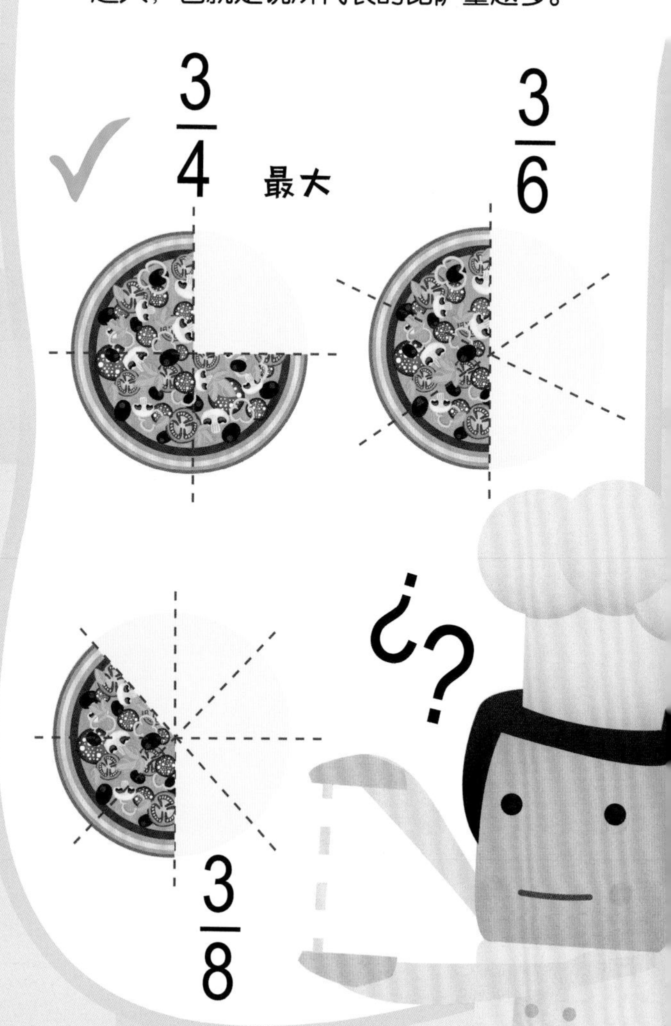

想一想，做一做

把这些分数按照从大到小的顺序排列，很简单吧？

❶ $\frac{4}{8}$ $\frac{2}{8}$ $\frac{7}{8}$

❷ $\frac{3}{7}$ $\frac{3}{9}$ $\frac{3}{8}$

❶ ....

❷ ....

答案：❶ $\frac{7}{8}$，$\frac{4}{8}$，$\frac{2}{8}$；❷ $\frac{3}{7}$，$\frac{3}{8}$，$\frac{3}{9}$

3 分子和分母不同的分数

想要比较分子和分母不同的分数的大小非常复杂，但是如果你跟比萨饼师傅学习，你一定能成功：你只要把两个分数的分子和分母交叉相乘就能比较出来了！相乘结果较大的一个分数，必定大于相乘结果较小的另一个分数。请看：

$$\overset{36}{\frac{6}{8}} \quad \times \quad \overset{40}{\frac{5}{6}}$$

相乘

$\frac{5}{6}$大于$\frac{6}{8}$，因为40大于36

请记住，相乘的结果，指的是一个数的分子与另一个数的分母相乘的结果，一定要写在分子的上方。

形状，更多形状

如果你环顾左右，你会看到许多三角形、矩形、正方形、圆形、梯形……它们大小不一，有时出现在交通标志上，有时出现在玩具上，有时出现在玻璃窗上。它们都有一个共同点，那就是：它们都是几何图形。接下来让我们认识一下它们吧！

三角形

仔细观察，你会在公主的宫殿中发现三角形。三角形是由三条线段首尾相连组成的图形。相交点叫作顶点，线段叫作边。

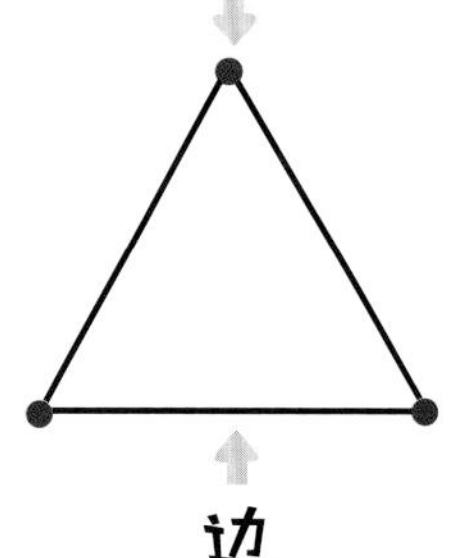

圆形

你想过吗？如果把一个球压扁了，它将变成什么形状？你说对了！它会变成圆形。圆形是由一条封闭的曲线围成的图形，曲线上的任何一点到图形的中心点的距离都相同。圆形的中心点，我们也称之为圆心。

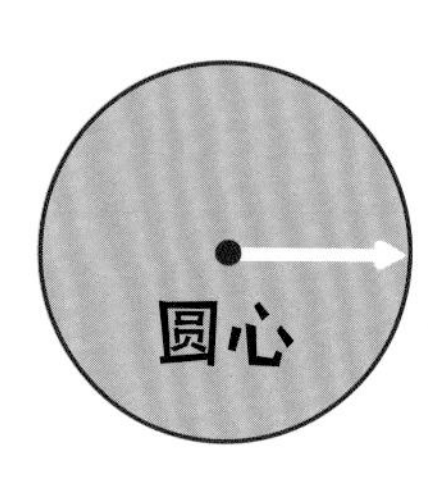

3 菱形

菱形你得多花点时间来观察，因为它更难一些……我们在这给你提供一点线索：它是一个有4条边的多边形，4条边长度相等，相对的两条边相互平行。

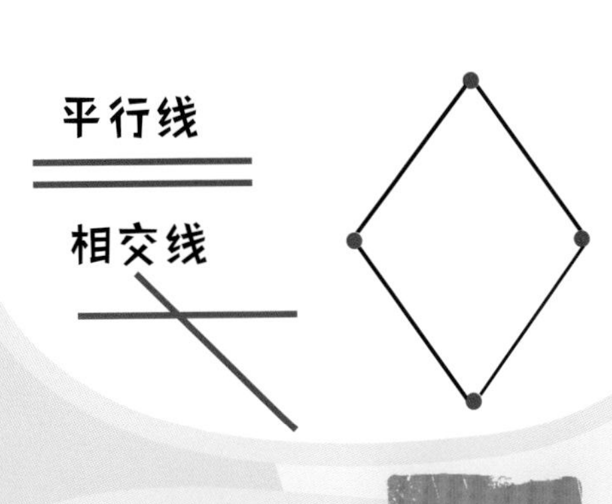

矩形

你到处都能看到矩形：各种各样的门，电影海报，你家的桌子，睡觉用的床……还有游乐场的门票也是这个形状！它们都是四边形，有4个直角，对边相等。

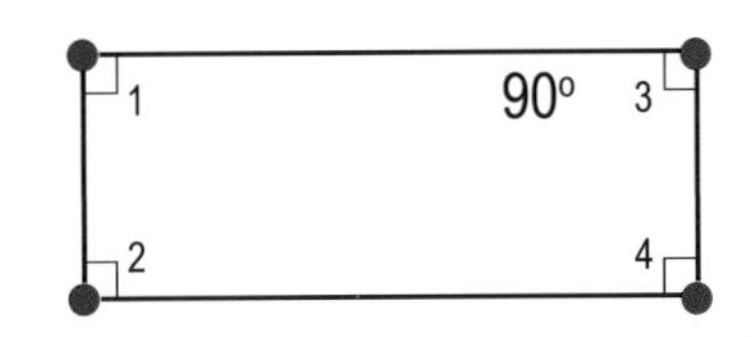

5 正方形

正方形和矩形很像，它也是一种有4条边的几何图形，4条边长度相同，4个角都是直角。你在周围可以看到许多正方形，比如窗户、装饰墙面的瓷砖，还有许多画作……

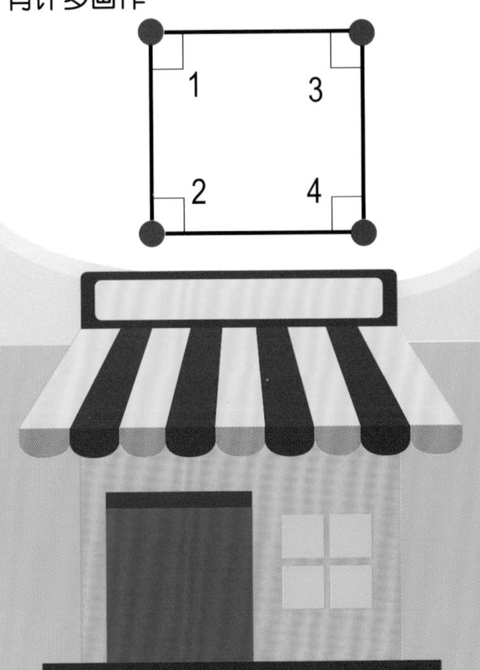

想一想，做一做

请把下面这些物品和它们的几何图形名称连起来。

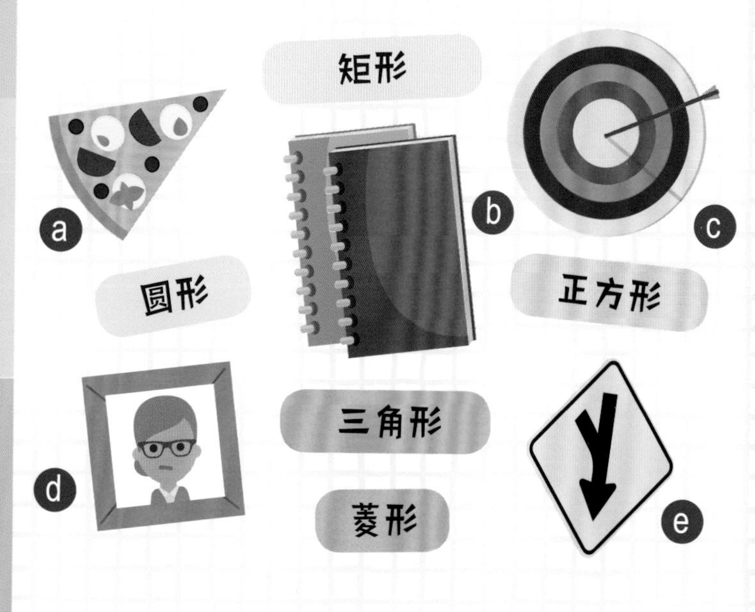

答案：
a 三角形 b 矩形 c 圆形 d 正方形 e 菱形

三角形金字塔

你应该已经注意到了魔方的每一面都是正方形了吧，你也应该发现你的笔筒底部是个圆形了吧？你知道正方体和圆柱体之间有什么差别吗？别担心，区分它们比你想的容易得多。

1 两个点

先画出一个点（a），然后在不远处再画出另一个点（b），你能把它们连在一起吗？把两个点连成一条线，你就可以测量线段长度了。

2 三个点

现在尝试画第三个点（c），然后把它和其他两个点相连接，这样你就有了一个三角形！它是一个平面图形，你可以测量它的边长和高度，还可以计算这个三角形的面积。

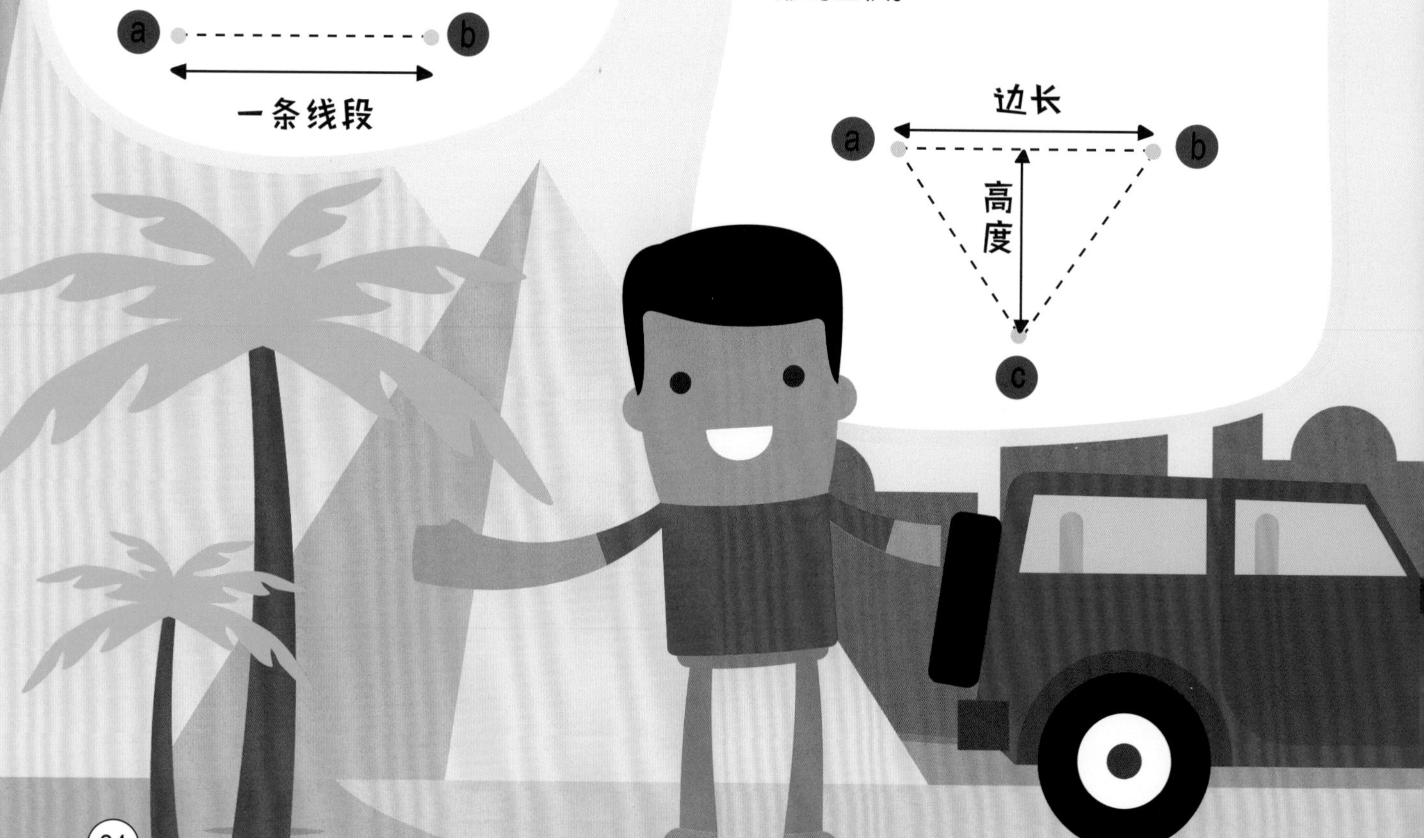

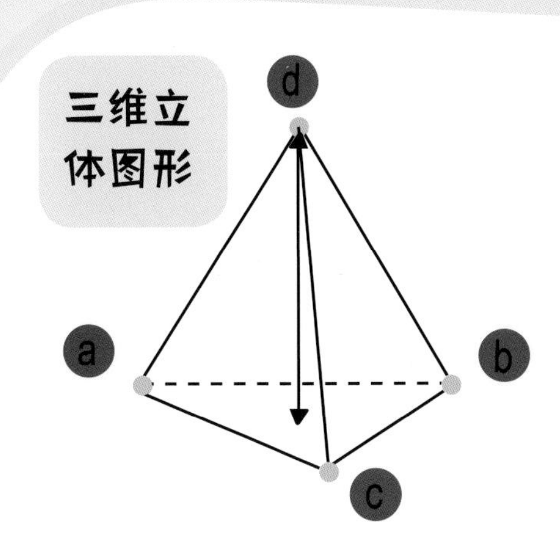

3

体积

你见过埃及的金字塔或房屋的屋顶吗？它们是由三角形构成的，你只需要增加一个方向的维度（d），你就能拥有一个三维立体的图形，这个图形具有边长、高度和表面积，它还有体积。

三维立体图形

4

三维图形

请爸爸妈妈允许你打开橱柜，你在里面会看到罐装的果酱、牛奶盒、瓶装水或果汁、碗、大小不一的玻璃杯……它们都有维度！

维度 = 某个方向上某物的度量。根据其方向的数量，图形是平面或立体的。

想一想，做一做

观察一下金字塔的组成，试着用硬纸板做一个金字塔吧。你可以这样做：

你可以借助图例，看看图例中如何绘制金字塔的各个面、各条边

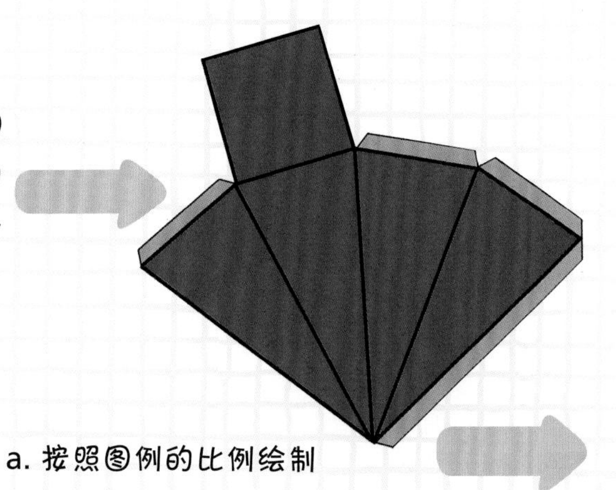

a. 按照图例的比例绘制

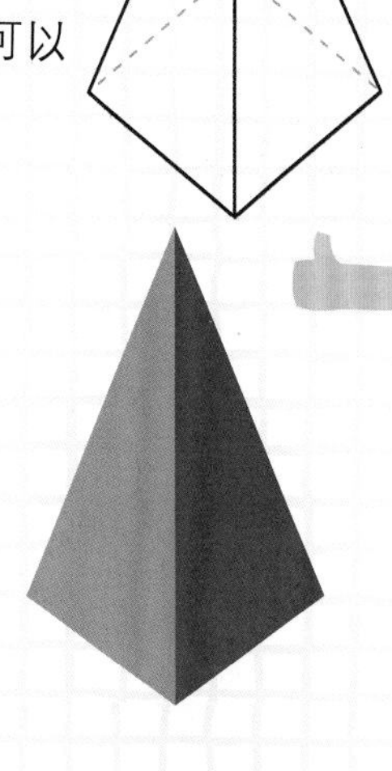

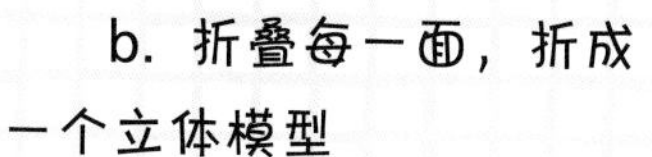

b. 折叠每一面，折成一个立体模型

你知道面积和体积的故事吗?

读到这个标题你可能会困惑：“等等，等等！这是一本有意思的数学书，不是一本故事书！”我来告诉你取这个名的原因吧，因为在“数学”里，也存在各种各样的关系纠葛。你想见识见识吗？这特别有趣！

饮料盒里装了多少饮料?

你和爸爸一起逛超市时，他让你帮他找一些果汁，你发现装果汁的盒子大小不一，有的看起来大一些，有的看起来小一些，但是你看一下果汁含量，你发现它们装的果汁量是一样的！这是由于盒子们的表面积和体积比不同，所以视觉上看起来不太一样，这跟它装的是苹果汁还是橙汁可没关系。

在食物里呢?

因为你在家表现好，爸爸决定奖励你一颗坚果。他拿出两颗大小不同的坚果让你挑选，每颗坚果的表面都涂了一层巧克力，你觉得哪一颗坚果更甜一些？你可能会觉得不可思议，因为小坚果更甜，这是因为小坚果的表面积和体积比更高，也就意味着它所含的巧克力比例更高，所以更甜。

3

在面料上！

你逛完了超市，然后回了家。你要换上泳衣去泳池里放松一下，然后去吃零食。穿泳衣时，你发现泳衣还有点儿潮，妈妈让你把泳衣拉伸一下，以便泳衣晾干。你妈妈说得一点儿没错！因为这样做真的会帮你的泳衣很快变干，因为：

面积越大，水蒸发得越快！

想一想，做一做

你知道方糖和砂糖哪一个先溶解吗？你可以进行以下实验，自己找答案。

1. 你需要1个秤、2块方糖、一些砂糖和2杯热水。

2. 请一位成年人帮忙，称2块方糖的重量，然后称取等量的砂糖；先把方糖放入一个杯子里，然后再把砂糖倒入另一个杯子里，观察它们用多少时间能溶解。

发生了什么？

答案：
砂糖较快溶解，因为砂糖的表面积和体积比比方糖大。

这是我的城市！

哇！即使我们不想谈论数学和几何，你也避不开它们，你知道吗？它们无处不在，存在于交通信号灯、车行道、人行道、建筑物中……你想发现它们吗？

路易斯

1 大街

路易斯搬到了一个新小区，你和朋友们约他在公园见面。去公园的路上你发现有的路是直的，有的路是弯曲的，有的路还交叉形成了一个角。

直线

曲线

角

2 大街与线之间的关系

有的街道从不相交，我们把这种从不相交的线叫作平行线。

有的街道会相交于一点，我们把这种相交于一点的线叫作相交线。

3

射线

一个点可以将一条直线分为两条射线，这个点就是这两条射线的端点，如果这两条射线绕这个相同的端点旋转，则会产生角。

角

4

角

并非所有角都相同，你只要观察一下园丁修整树篱用的修枝剪，你就会明白：

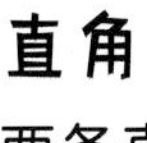

直角

两条直线垂直相交所形成的90° 的角叫直角。

锐角

大于0° 而小于90° 的角叫锐角。

钝角

大于90° 而小于180° 的角叫钝角。

想一想，做一做

观察这些时钟，说出它们的指针形成了什么角。

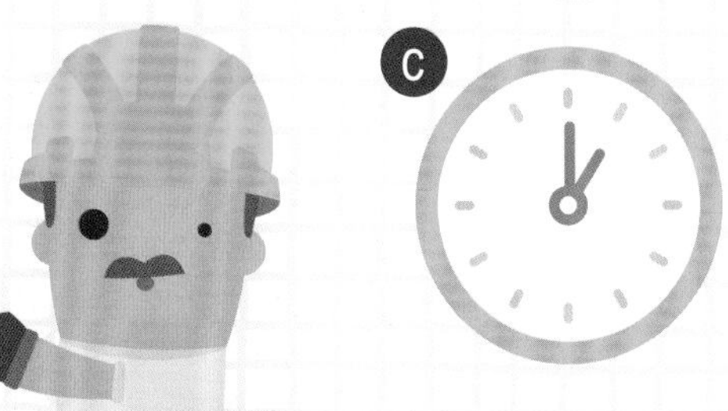

答案：

a 直角 b 钝角 c 锐角

到处都是形状！

你肯定经常听到这样的词汇：曲面、多边形……虽然你可能认为这些词仅存在于书本里，但其实你被它们包围着，从你家到车站，到城市的各个地方，都有它们的身影。想要理解它们很容易！

1 玩具箱

相信在你的玩具箱里能找到球和彩色的方块积木吧。你看看它们的表面有什么特征：

曲面

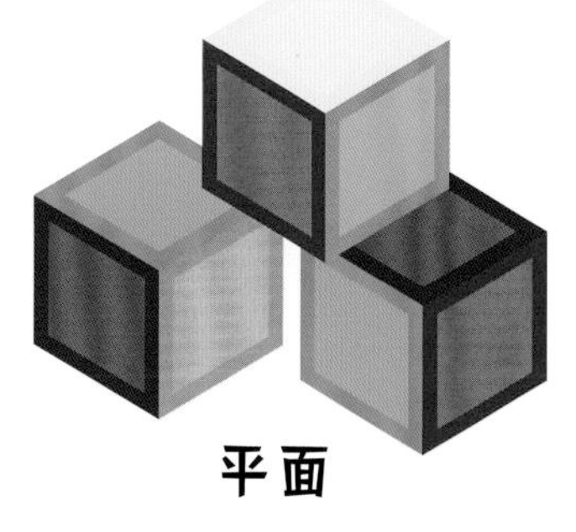

平面

2 它们是几何体！

我们被各种各样的物体包围着，需要描述和区分它们。我们管它们叫几何体，比如立方体和棱锥体：

立方体　棱锥体

面　顶点

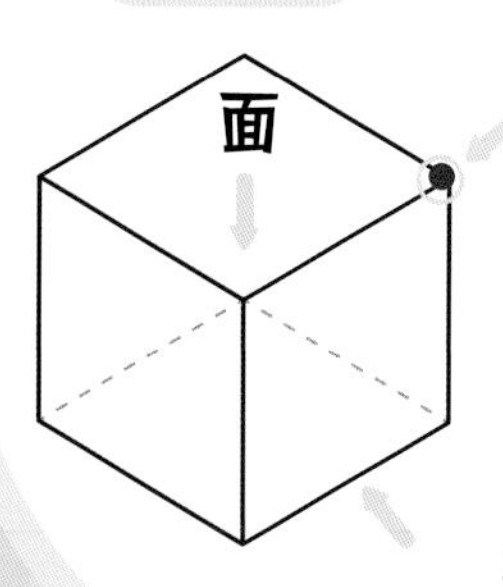

棱　面

3

更多形状！

如果你从玩具箱里找出更多不同形状的积木，我敢肯定你可以搭建出各种不同的物体。形状不同的几何体包括：

平面几何体

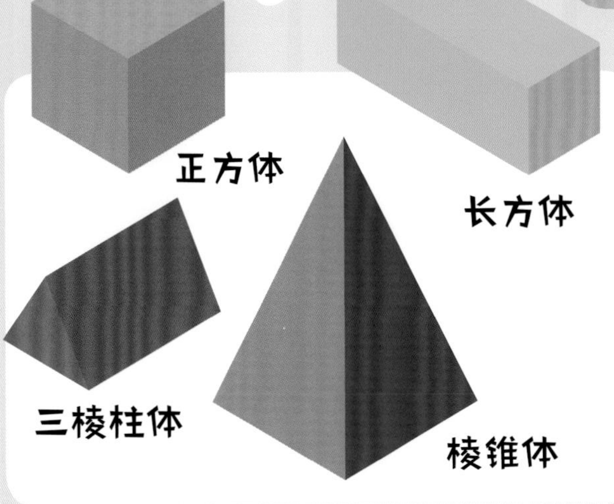

曲面几何体

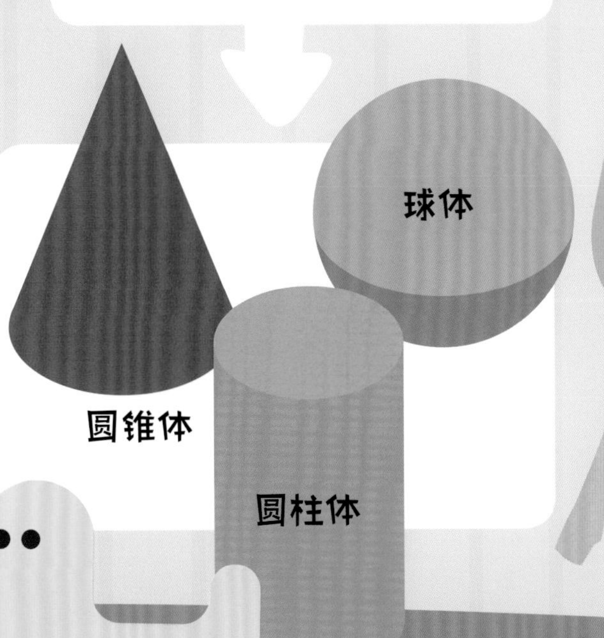

想一想，做一做

观察下图中的各种形状，然后分别写出它们的名字。

❶ ____________

❷ ____________

❸ ____________

❹ ____________

❺ ____________

❻ ____________

❼ ____________

答案：
❶三棱柱体；❷正方体；❸长方体；
❹正方体；❺圆锥体；❻圆柱体；❼长方体

那是我吗?

我看到的你是你吗? "当然了,不然还能有谁? " 我敢肯定你一定这么想,但是我无意冒犯,你想的可能不对,答案也许并没有看起来那么显而易见。事物不总是我们看到的样子!

发生了什么?

你和妈妈一起去逛街,你进了试衣间。当你穿上毛衣,然后去照镜子时,你会发现一个细节:左胳膊的袖子不是红色的吗? 为什么在镜子里会出现在右胳膊上? 是有人改了吗? 不,这道理其实很简单:

其实袖子仍在原位,只不过镜子反射出的是镜像的。

衣服合适吗?

现在,你的妈妈想看看衣服合适不合适,所以她围着你转了一圈,四处观察,她能看到你不同的面。但当她围着你转完一圈时,她会回到一开始的位置。

想一想，做一做

把红色正方形边长扩大一倍。这非常简单，你只需要计算各边的网格数并记住，然后使用双倍的网格数绘制正方形即可。

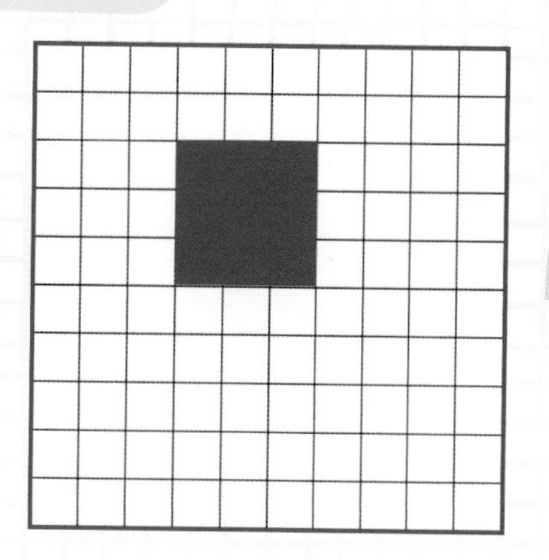

画吧！

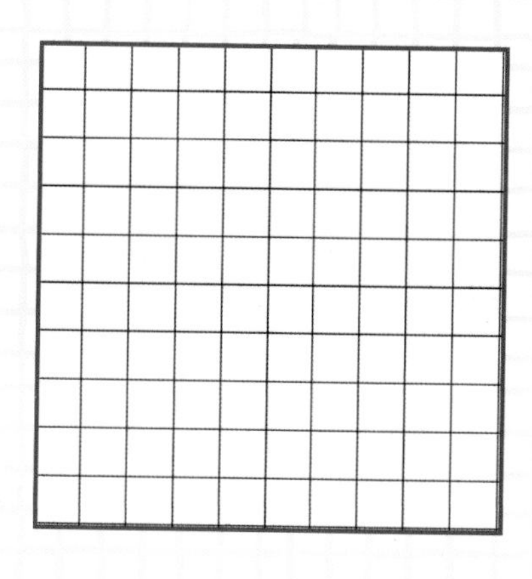

答案：

你要画的正方形的边长应该为6个网格，因为原来的正方形的边长是3个网格。

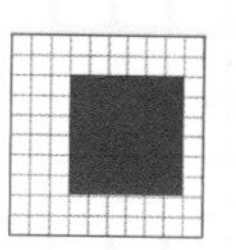

3 一圈又一圈

如果现在轮到你原地转圈向妈妈展示衣服合身不合身了呢？其实是一样的。不过我敢说妈妈围着你转一圈的时间肯定更久，有那工夫你都能原地转两圈了！

4 好大啊！

如果我们使用放大镜或望远镜，我们看到的图像会被“修改”——它们会变大！

我的右边和左边一样吗？

你以前经常折纸吧！你应该已经看到过纸对折后会怎样。如果你把纸左右对折，纸的左边部分和右边部分会完全重合，这不是巧合，这是因为它们是对称的。你觉得奇怪？其实这很简单，下面你将自己创造对称的图形哟！

1

把我们自己对折？

如果你站在镜子前面，你很容易看到你左右两边是基本对称的。想象一下，有一条线把你分为两半，然后把你沿着这条线对折——停，停！这条线不是从腰部分开，而是从头到脚，在你的正中央，穿过你的鼻子和肚脐。

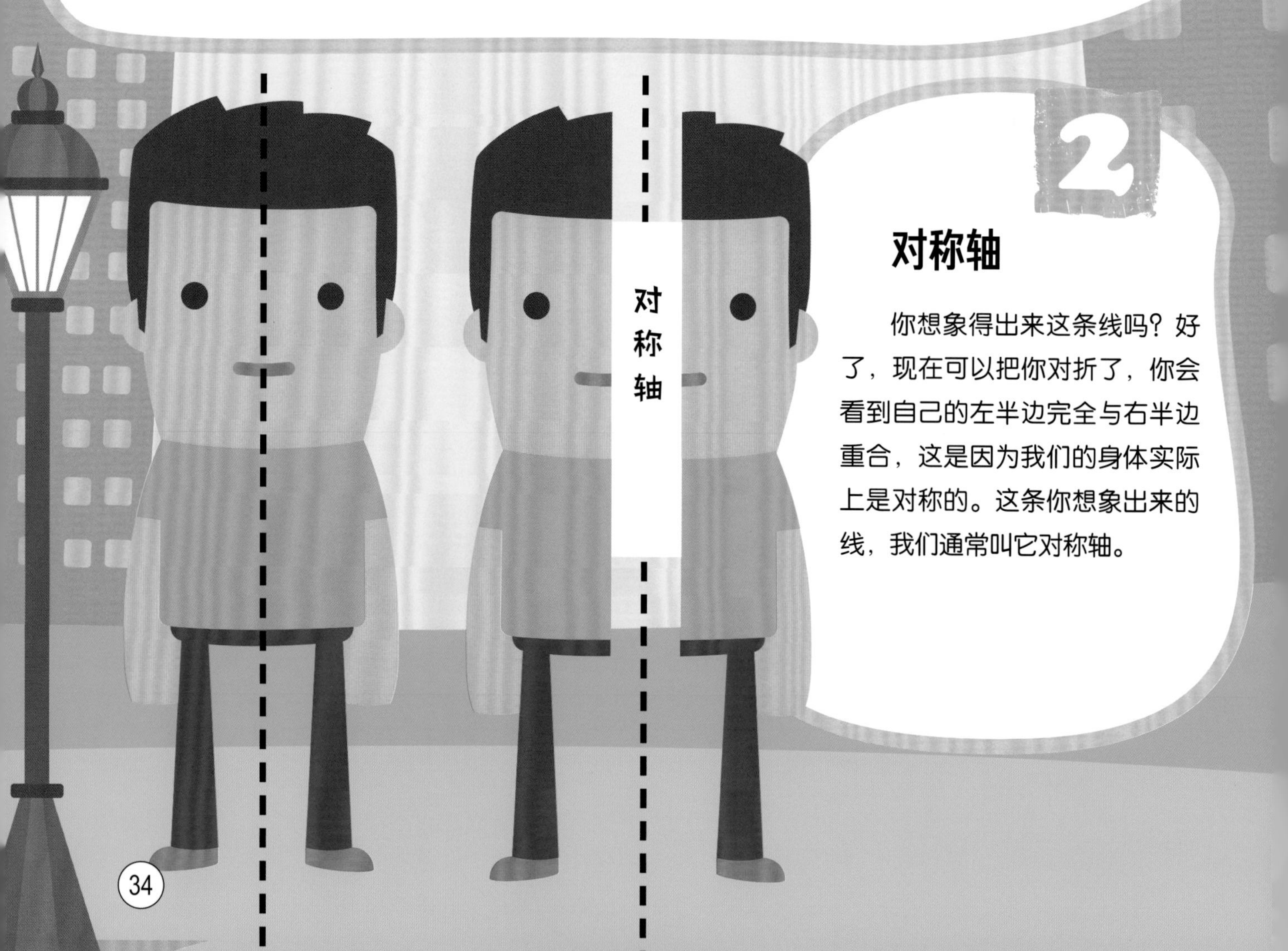

2

对称轴

你想象得出来这条线吗？好了，现在可以把你对折了，你会看到自己的左半边完全与右半边重合，这是因为我们的身体实际上是对称的。这条你想象出来的线，我们通常叫它对称轴。

3 在各种图形中对称轴是怎样的？

那么，所有东西都只有一个对称轴吗？在你家的橱柜中找出不同形状的物体，然后试着找出它们的对称轴。

等腰三角形：1个对称轴。

长方形：2个对称轴；你可以从水平和垂直两个方向对折长方形。

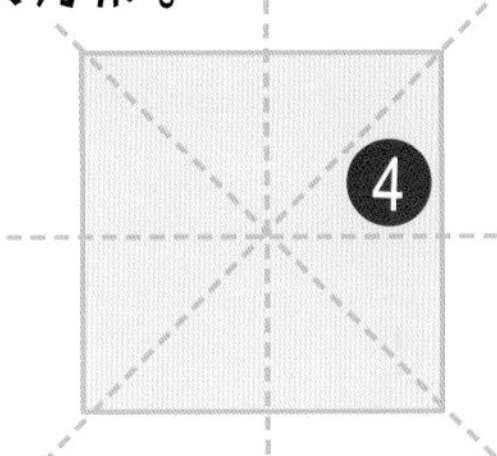

正方形：4个对称轴；你可以从水平、垂直以及对角线的方向对折它。

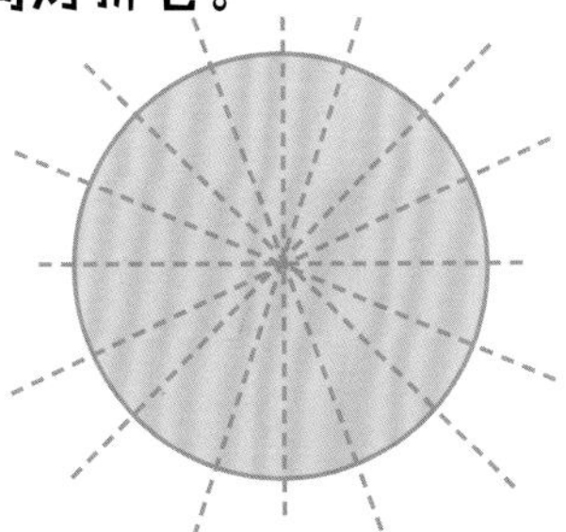

圆形：无数条对称轴；你可以从任何一处对折它。

4 一切都是对称的吗？

现在，在你家的餐具抽屉中找出汤匙、叉子和刀子，试着找出它们的对称轴，刀子一定会让你大失所望！这是因为不是所有的图形都是对称的。

想一想，做一做

制作一个你喜欢的动物的面具，比如狮子：

1.将纸对折。然后在一边画出半张动物的脸，沿着轮廓剪下来，并且剪出眼睛。

2.把纸打开，你会发现剪出了一张对称的脸。按照你的喜好装饰面具。然后在面具的左右两侧各打一个洞，用皮筋连起来，最后把皮筋打结，让它固定在面具上。

“派”是什么？

3.14159、圆、曲线、半径……数学总使用一些奇怪的名词，不是吗？但是请放松，它们其实非常简单，你也早就和它们相识了，你只要环顾左右，就会看到它们，并理解它们是什么。

在公园里

晴天的时候你去公园散步，你看到了太阳，它是一个圆圈；你看到了自行车，它的轮子是两个圆圈；你坐在树下吃橘子，橘子也是圆形的；你向池塘里扔出一块石头，激起的涟漪也是圆形的……好多圆！

圆是怎样的？

圆随处可见，它是个完美的形状吗？有一件事你必须清楚：不管它完美与否，从圆周上任意一点到圆心的距离都是相同的！仔细看！

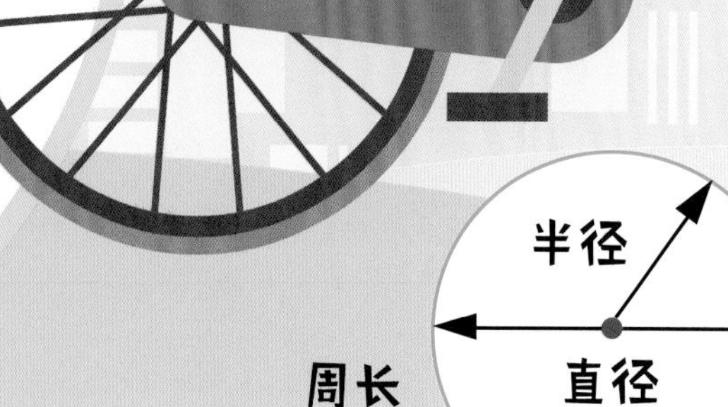

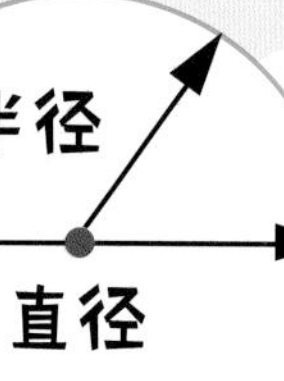

3 很特别！

我们被各种各样的圆包围着。圆有一个奇妙的特征：如果用圆的周长除以圆的直径，它的结果总能得出一个非常特殊的数字，我们称这个数字为“派”，我们用符号来表示它：π。

$$\pi = \frac{\text{周长}}{\text{直径}}$$

π的值约为3.14159！

π是一个很古老的数字，在4000多年前就有这个数字了！

4 在水里

你往河里扔了一颗鹅卵石，然后你就会发现π，它存在于每一圈涟漪中，甚至整条河中。

想一想，做一做

你有一个圆柱形的罐子和一根绳子。将绳子缠绕罐身一周，然后剪断绳子。

a.绳子的长度是罐子直径的多少倍？

b.如果你用周长不同的其他罐子重复做实验，绳子的长度又是直径的多少倍？

周长

1个直径 2个直径 3个直径 3.14个直径

答案：

a. 3倍多一点，与π的值完全相同。

b. 不管用什么罐子，所得的结果都是3倍多一点。

接下来是什么？

想象一下，你有两只小兔子：一公一母。如果你用一个月把它们喂大，又过了一个月后，它们生了一公一母两只兔子，随着时间的流逝，这些兔子又生了兔子，新兔子成年后继续生新兔子，如此循环往复……

1

斐波纳奇数列

一位叫斐波纳奇的意大利数学家是最早考虑兔子繁殖中的数学问题的人，他很想知道如果兔子自由繁殖，最后可以有多少只兔子。他得出结论：过不了多久就会到处都是兔子，因为一对兔子每个月都会生一对兔子，在没有死亡的情况下，会一直这样繁殖下去。

2

数列是怎样的?

斐波纳奇所发现的数列是：0、1、1、2、3、5、8……你可以发现这个数列从第三个数字开始，每个数字都是把前面两个数相加而得到的。令人惊奇的是这个数列是大自然中存在的规律，就像数字π一样。

0	1	1	2	3	5	8	13	21	34
			= 1+1	= 1+2	= 2+3	= 3+5	= 5+8	= 8+13	=13+21

3

在大自然中

现在请你想象一下大树：随着树木的生长，树干会分成树枝，然后按照斐波纳奇数列，树枝再分成更多的树枝。还有那朵菊花，它好漂亮！如果你观察它的花瓣，你会发现它也遵循着斐波纳奇的数列规律。

想一想，做一做

按照斐波纳奇数列，算算一年到头时会有几只兔子？请记住，在6月末，已经有8对兔子了，也可以说是16只兔子。请算出接下来几个月里，每个月会有多少对兔子吧！

1月	1
2月	1
3月	2
4月	3
5月	5
6月	8
7月	
8月	
9月	
10月	
11月	
12月	

答案：
7月：13对
8月：21对
9月：34对
10月：55对
11月：89对
12月：144对

螺旋吞没了我！

大自然中充满了圆形、正方形、矩形，甚至还有许多螺旋形。你想发现大自然最喜欢的形状吗？想知道人类最喜欢的形状吗？我敢肯定答案会让你感到惊讶，因为这两个问题的答案紧密相关。

1.618

1

在建筑物中

在你所居住的地方肯定有一些高大的矩形建筑吧；或者你可能也看到过帕特农神庙的照片，这是一座为古希腊神灵建造的神殿；或者你可能还看过巴黎圣母院的照片。总而言之，这些建筑物都是由数不清的矩形构成的，这些矩形的长和宽存在一定的比例关系：

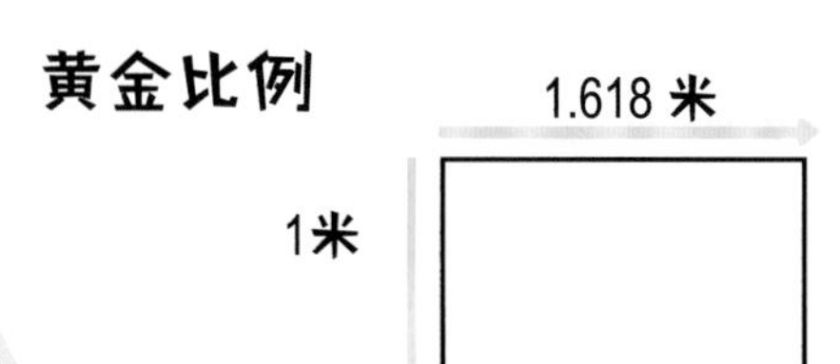

一个非常特殊的矩形

当然，你可能已经意识到这个矩形有点儿特殊：如果你在这个矩形一端截出一个正方形，你会发现剩下的部分又是一个具有黄金比例的矩形！你可以无限次地这样操作！

3 在自然界

看一下蜗牛壳、向日葵中的螺旋形，甚至某些星系的旋涡也是螺旋形——星系是太空中聚集了许多恒星、尘埃和气体云的地方。总之，螺旋无处不在！

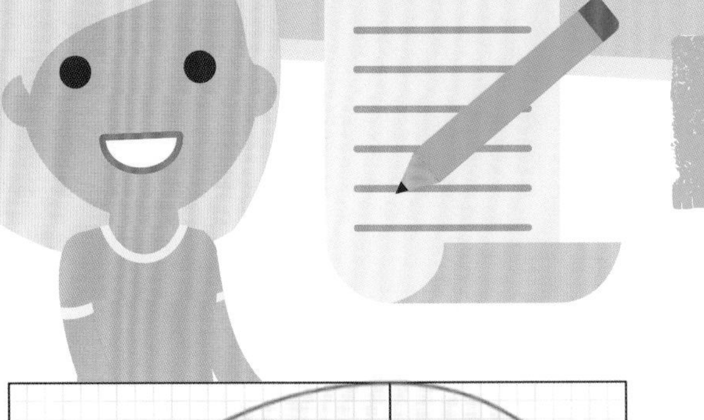

4 怎么能做出一个螺旋形?

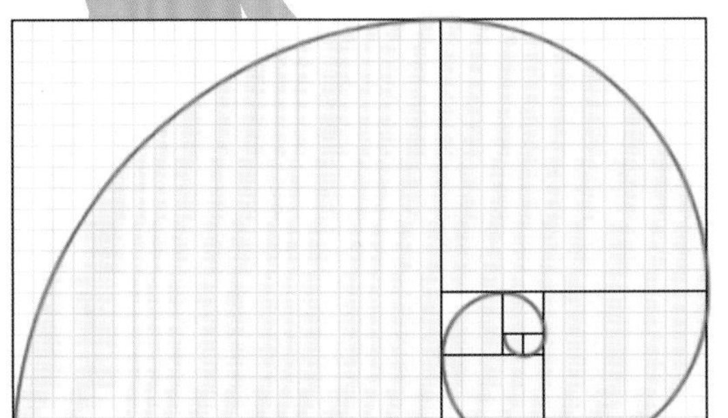

我们可以从黄金比例的矩形中获得螺旋形，这种螺旋被称为黄金螺旋。想要画出一个黄金螺旋很容易，你已经知道可以从黄金比例的矩形中截出一个一个的正方形，然后你在每个正方形中画出一条如图所示的连接对角的曲线，把曲线首尾相连就可以了。

想一想，做一做

绘制由黄金矩形组成的建筑物，你可以使用计算器，请记住你所绘制的矩形中，长边长度必须是短边长度的1.618倍。

答案：你可以画埃菲尔铁塔或去巴黎圣母院，请你的爸爸妈妈帮你找这些建筑物的图片以供参考。

射门！

数学无处不在，在我们喜欢的体育比赛里，数学也非常重要！数学能使我们与人远距离交谈，能让我们看到喜欢的节目，知道关于宇宙的最新消息，听我们喜欢的歌手唱的歌。你想知道数学是如何做到的吗？请看……

多棒的进球啊！

我们都知道，当一位足球运动员射门时，最重要的是想办法让球成功入门。如果成功了，我们可以大声喊“进球啦”表示庆祝。你注意过球入门的路径吗？虽然路径不尽相同，但是大致的形状却非常相似。

准线

为了能进球，让大家喊出“进球啦”，你必须以适当的力量和角度击球，否则，球走的路线就会出现偏差，无法射入门中。

路径

球似乎总是走类似的路线，首先它上升到一个最高点，然后开始下降，这是一个过程，不会一蹴而就，是一点一点完成的。

3 抛物线

球在空中的运动轨迹是一条抛物线。抛物线是一条曲线，平面内到定点（焦点）与定直线（准线）的距离相等的点的轨迹叫作抛物线。

4 在路上

你可以在许多地方找到像抛物线的东西：从喷泉涌出来的水，某些屋顶上的卫星天线，游乐园的过山车，以及拱桥……仔细看看吧！

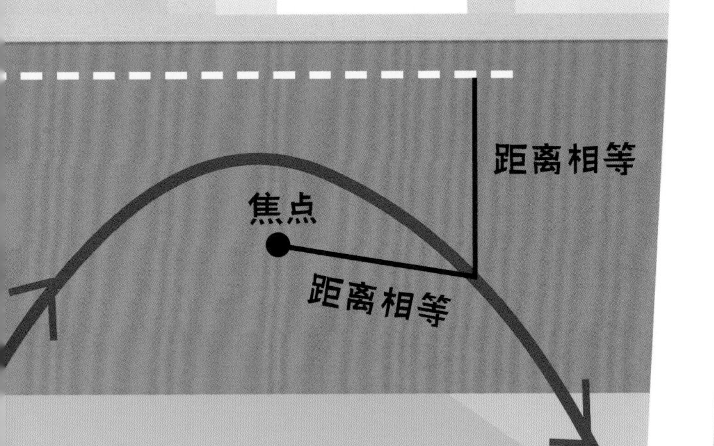

想一想，做一做

现在你自己来造抛物线吧！

1. 在纸上画一条直线，然后画一个点标记为焦点（不可以在直线上）。
2. 然后用尺子进行测量，直到找到到焦点和直线距离相同的点。
3. 重复找出几组点，并把它们连起来，你就得到一个抛物线啦。

例：

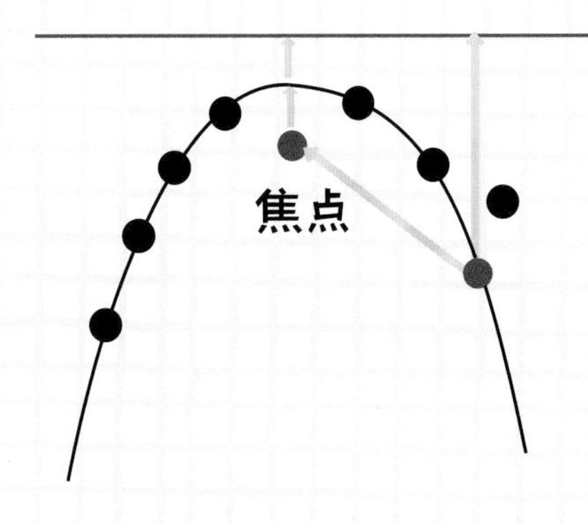

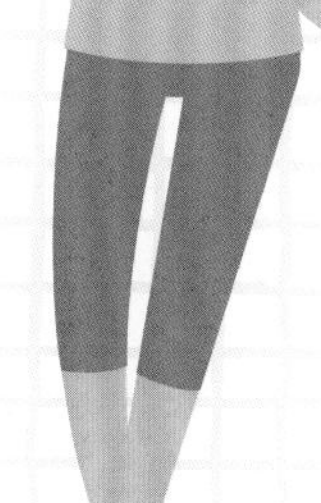

量出来的还是数出来的？

时间、温度、数量、音量、亮度……这些都是你不止一次听到的词，它们存在于每天的日常生活中，但是你发现它们和数学之间的联系了吗？

1

我们一起做个蛋糕呀？

为了做蛋糕，你需要鸡蛋、面粉、糖、牛奶和黄油。在这些材料中，鸡蛋可以一个一个地数出来，但是糖呢？糖的量该怎么计算出来？你总不能说需要多少颗糖粒吧？

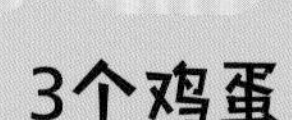

难道要说5亿颗糖粒吗？

不！应该说1千克

2

计量

在制作蛋糕的材料中，糖、面粉、黄油和牛奶是无法数出来的。虽然我们无法数出它们的量，但是我们可以进行测量。

3

温度

以“度”计量

时间和温度

你也不能数这两样东西！准备好面团后，我们要把它放入烤箱加热一段时间，该是多久呢？你必须知道如何测定时间和温度。

时间

秒
分钟
小时
天
月
年

蛋糕需要在170℃的高温下烤1小时

4

一切都可以测量！

你可能还不知道星星的亮度或者声音也都是可以测量的吧！包括我们吸入肺部的空气量、浴缸里的水量、地球吸引物体的力……一切都可以测量！

想一想，做一做

想象一下，我们将不同的水果放入五个相同且具有相同水量的杯子中，如图所示：

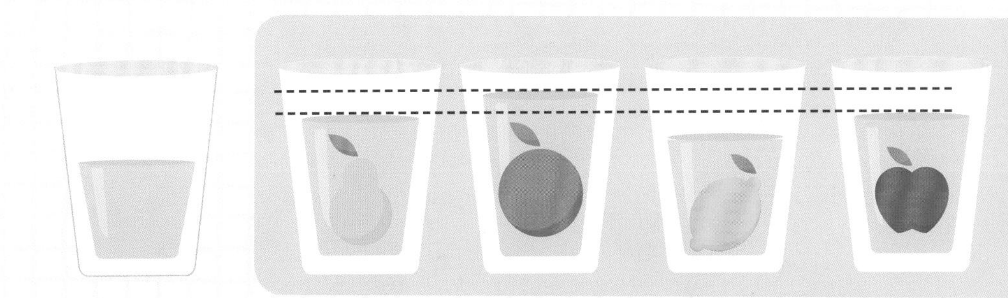

回答下列问题：

a.哪种水果体积最大？
b.哪些水果体积相同？

答案：
a. 橙子。我们从上升的水量知道哪种水果体积最大：在杯子中放入橙子时，水位升得最高。
b. 苹果和梨。当我们把它们放进杯中时，两个杯子中上升的水量相同。

以前如何测量？

我们一直在进行测量，测量让我们的生活更便捷。现在我们有各种各样的测量仪器和工具，可以轻松得到结果。可是在很早以前，人们如何进行测量呢？好吧，他们用自己的身体部位来测量！

1

用拇指

在很多情况下，你都会听到有人说他们的电视机是26、32或48英寸的。英寸原来指的是拇指的第一截指骨的尺寸。

1英寸≈2.54厘米

2

用你的手

我们还可以使用拇指到小指之间这段距离进行测量。你以前见过这种测量方法吗？如果没有，你可以用这个方法测量一下你家的书桌，并写下结果。你也可以让你的爸爸用手测量桌子，测量的结果会一样吗？答案不言而喻，你和爸爸测量的结果肯定不同，你的手小，你肯定要比爸爸多量几下。

手掌的大拇指和小拇指间的距离取决于手的大小，但是通常我们会采用一个通用的数值（以一般成年男子为标准）：

1掌≈20厘米

看看测量结果之间的差异！

20厘米

爸爸的手

12厘米

你的手

3

尝试用双脚和鼻子测量！

我们还能用脚测量，人们把成年男子单脚的长度叫作“英尺”，用这种方法来测量卧室的宽度或长度；我们还可以用“码”来测量，“码”指的是从鼻子到向前平伸手臂时的大拇指之间的距离。

“码”用来测量较远的距离

1英尺≈30.48厘米

1码≈91.44厘米

甚至用手肘测量！

古埃及人用手肘到中指指尖这一段距离作为测量长度的单位。

1肘≈50厘米

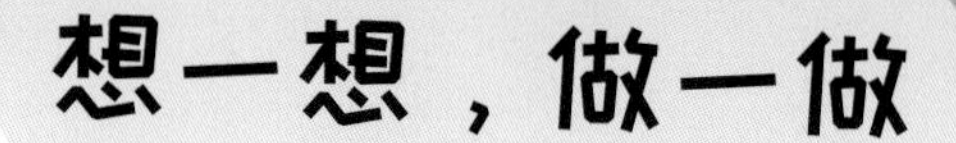

“爱丢石头的胡安”每走10步就扔下一块石头。他一步大约走50厘米，他背着328块石头，当他丢完最后一块石头时，他走了多少步？走了多远？

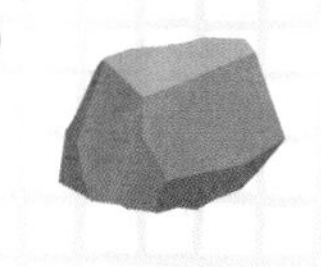

答案：

由于胡安每10步就扔一块石头，且他有328块石头，我们用步数乘石头数，就能计算出他要走多少步：10×328=3280步。

用总步数乘一步的距离，就能计算出他走了多远：3280×50=16400厘米 = 164米

用物体测量？

厘米、米、千米，对于我们来说都是很熟悉的概念，但是有许多特殊的物体，我们无法用常用的计量单位来测量，只能用特殊的单位测量它们——这些特殊的单位可能是其他的物体！

1 用种子当作测量单位

我们可以测量非常小却非常珍贵的宝石吗？当然可以！我们发明了与众不同的计量单位。因为宝石很小，但它们的价值却非常昂贵，所以我们用克拉来衡量宝石。克拉起源于一种长豆角的名字，这种豆角豆荚里的豆粒重量几乎一致，大约200毫克，人们就用一粒豆粒的重量作为宝石的重量单位。

1克拉=1颗长豆角的豆粒的重量

200毫克重
非常非常小！

1克拉=200毫克

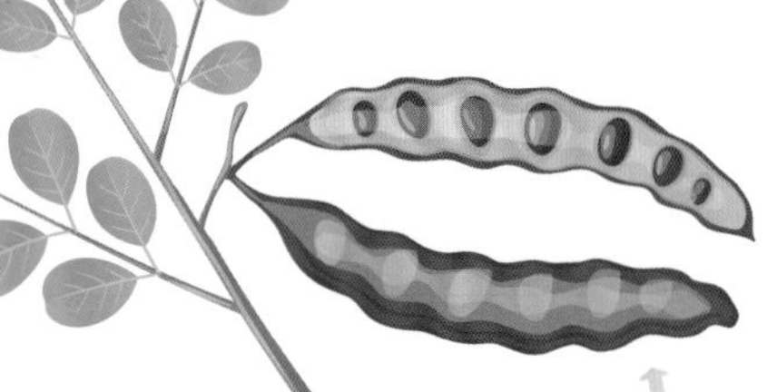

长豆角

豆荚

想一想，做一做

你可以创造一个“测量计”来测量自己喜欢和不喜欢的事情。首先，你需要确定测量单位，单位可以像下图这样，然后测一下对下面事项的喜爱程度：

· 看电视
· 大家一起玩儿
· 收拾房间
· 吃最爱的甜品

你的量度

我超喜欢

我喜欢

我不喜欢

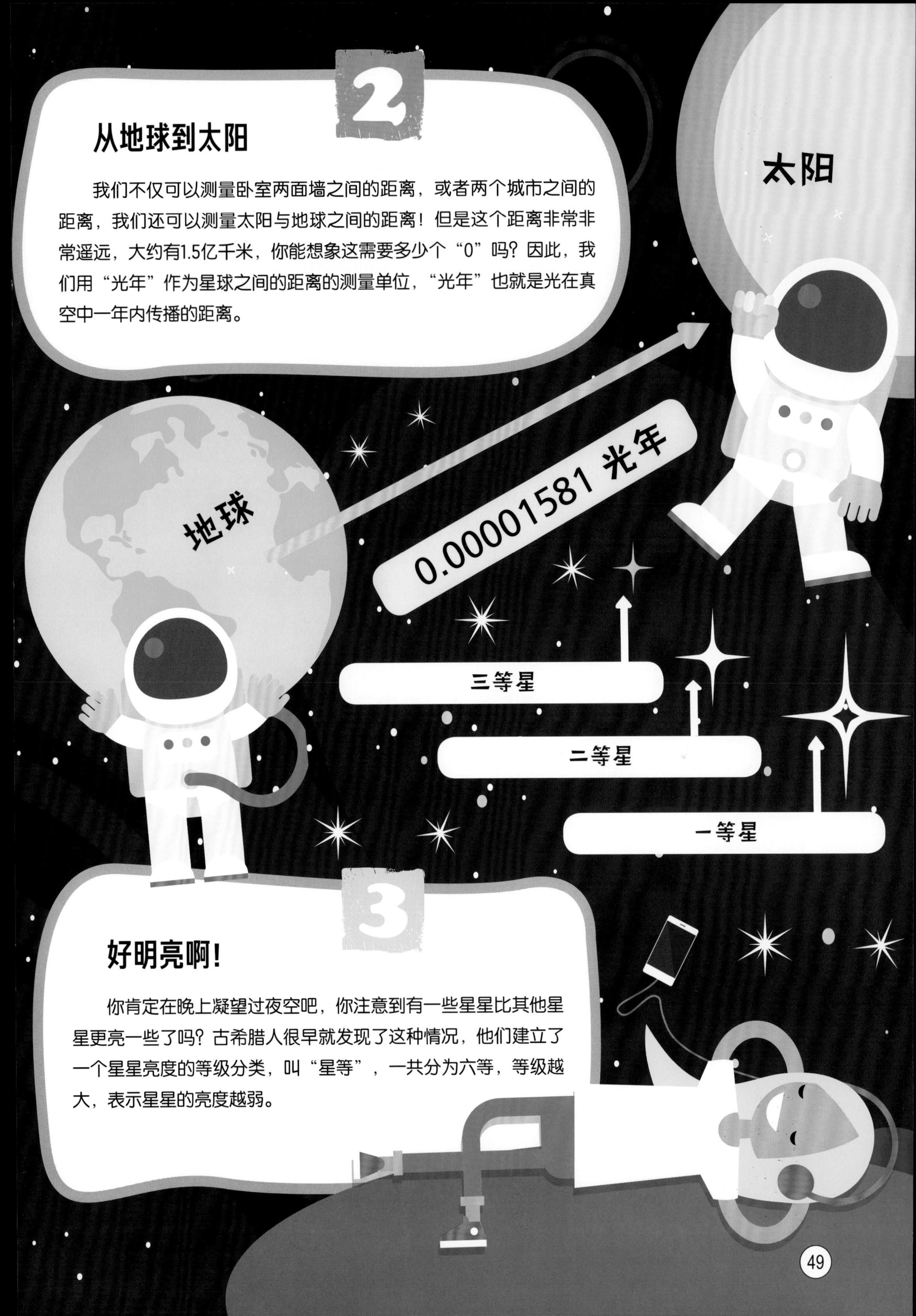

从地球到太阳

我们不仅可以测量卧室两面墙之间的距离，或者两个城市之间的距离，我们还可以测量太阳与地球之间的距离！但是这个距离非常非常遥远，大约有1.5亿千米，你能想象这需要多少个“0”吗？因此，我们用“光年”作为星球之间的距离的测量单位，“光年”也就是光在真空中一年内传播的距离。

好明亮啊！

你肯定在晚上凝望过夜空吧，你注意到有一些星星比其他星星更亮一些了吗？古希腊人很早就发现了这种情况，他们建立了一个星星亮度的等级分类，叫“星等”，一共分为六等，等级越大，表示星星的亮度越弱。

长度和比例

千米、米、厘米和毫米都是我们所熟悉的测量距离的单位，我们会根据不同的实际情况使用不同单位。如果你继续读下去，你会发现单位是非常重要的，我们的生活离不开它们。

1 计数或测量

我们在田野中玩，一路上可以数出许多干果和石头，它们都是一个一个的小东西。但有时候，比如在房间里，我们不需要数出有多少面墙，而是需要知道它们的长度和宽度，这时我们就需要使用不同的单位来测量所需的数据。

2 一个普遍的工具

由于人类需要测量，所以我们创造了“米尺”，它主要用来测量长度和高度，你可以用它来测量床的长度和你自己的身高。

米尺是非常实用的工具，可以用来测量我们用普通格尺无法测量的东西。

大尺寸

怎么才能测出一条道路的长度呢？这真是个问题！当然，你可以用米尺，但这项工作也太累了吧！你得花费多少时间和精力才能完成测量啊！这一点很早就有人想到了，他们想方设法地测量长距离，并且发明出了适用于长距离的测量单位：千米。

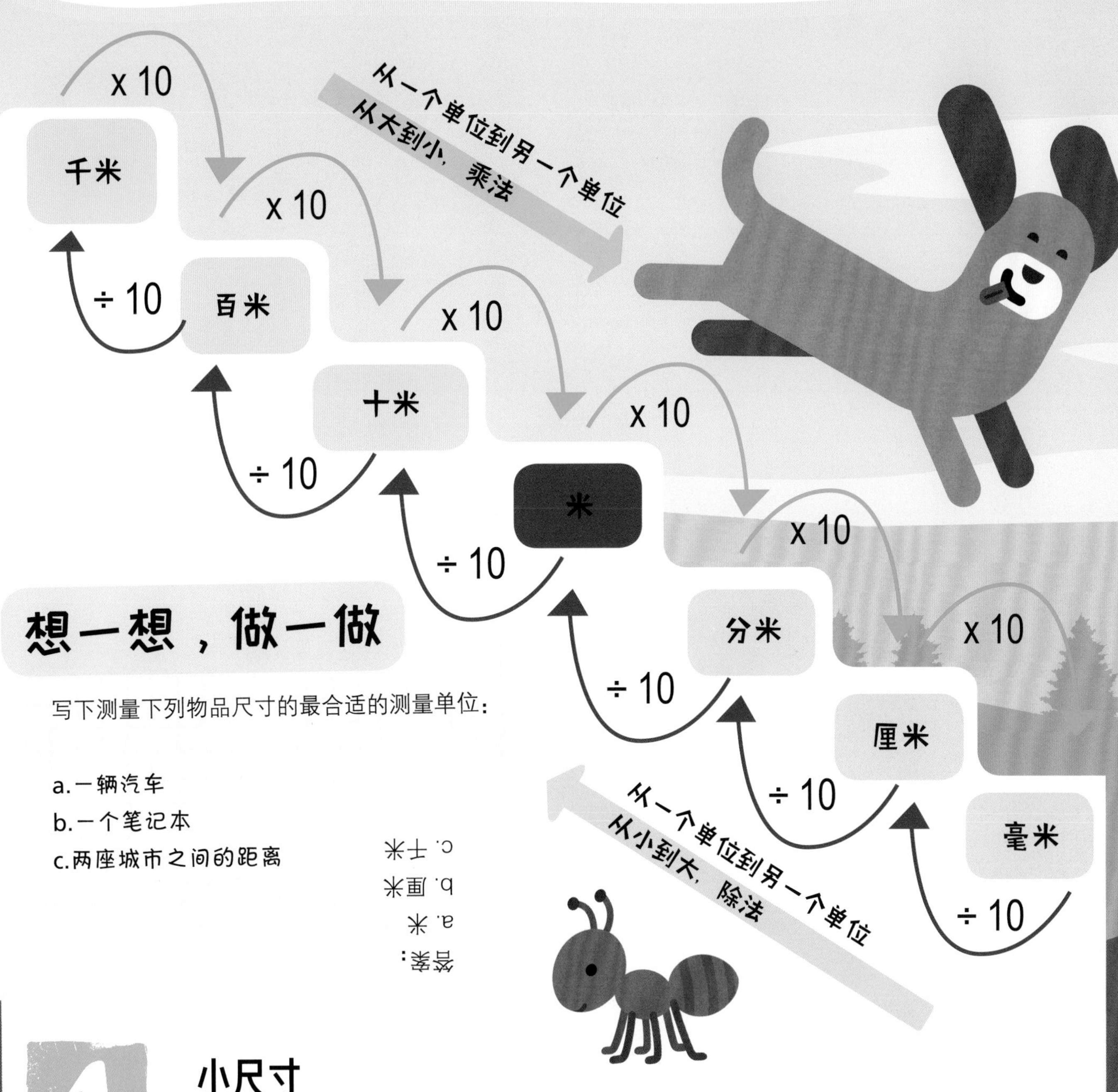

想一想，做一做

写下测量下列物品尺寸的最合适的测量单位：

a. 一辆汽车
b. 一个笔记本
c. 两座城市之间的距离

答案：
a. 米
b. 厘米
c. 千米

4 小尺寸

你能想象如何测量蚂蚁的长度吗？因为蚂蚁是一种很小的动物，所以我们应该用更复杂的尺子来测量，而且要用小单位来表示蚂蚁的长度，例如厘米、毫米。

好重啊！

你听说过1米牛奶吗？你能想象你的爸爸到熟食店向老板买4厘米冷盘吗？这些听起来简直是在搞笑，我们都知道这不切实际，我们会使用其他单位来测量这些东西。

不可能完成！

假设你想知道盘子里有多少大米，你肯定不会数它有多少粒，那简直是个不可能完成的艰巨任务。你知道吗，其实我们可以测量米的重量，测量重量的话，用尺子肯定不行。一筹莫展之际，你可以先看看包装，那儿可能显示着重量，也许是1千克。

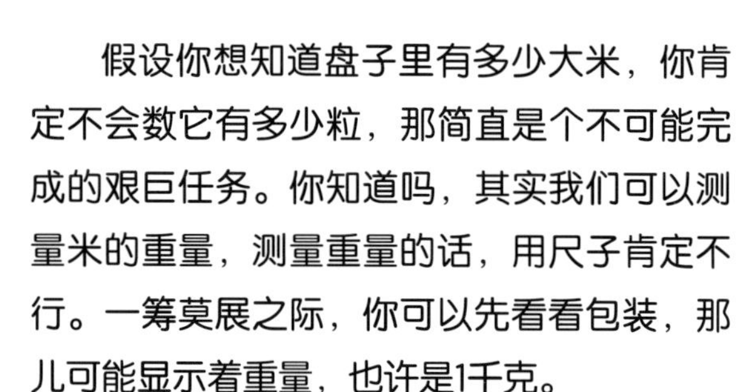

重量不是体积！

如果你拿着一块大石头，你可能会觉得它很重，但是如果你拿着一个比石头大的充气气球会怎样？气球即便比石头占据更多的空间，但是它的重量肯定不及石头。这是因为重量和体积是不同的。

3 一个主要的测量单位

我们知道为了测量距离，人类发明了尺子，也知道长度的主要单位是什么，现在，我们再来认识一个用来测量重量的单位：

千克=公斤 → kg

4 上升和下降

如今我们有非常精确的秤可以测量重量，但是在很久以前，古罗马人用什么测呢？他们创造了一种天平，两端挂着两个盘子，我们可以把想要测量重量的东西放在其中一个盘子里，然后在另一个盘子里添加砝码，直到天平平衡为止，这样就能知道东西多重了。

为了让天平平衡，我们应该在较高的一端放上多少砝码才行？请选择正确答案。

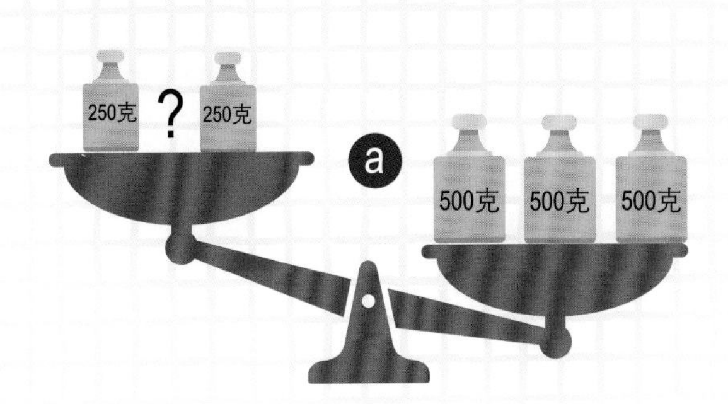

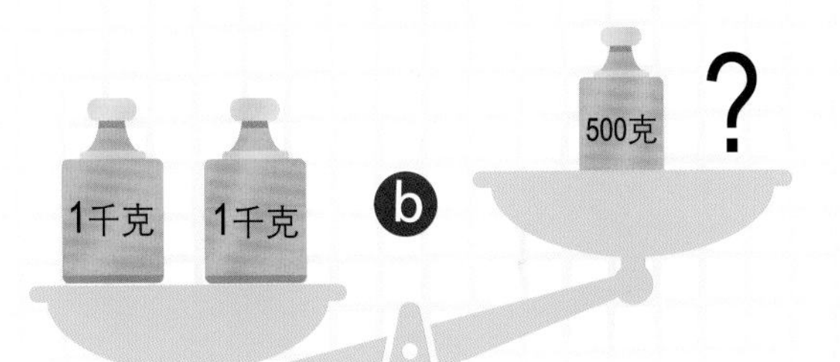

1. 3个500克的砝码
2. 1个1千克的砝码

答案：ⓐ 2（1千克+250克+250克=1.5千克）ⓑ 1（500克+500克+500克+500克=2千克）

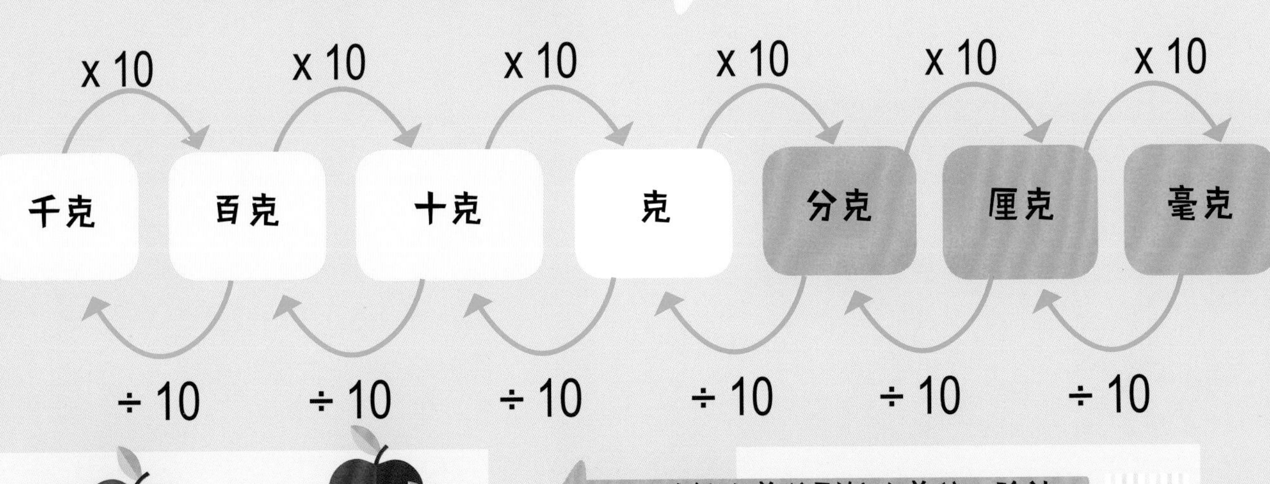

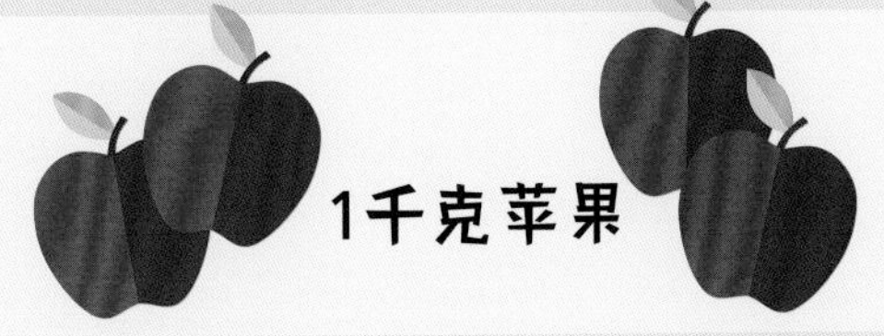

2毫克药

测量液体

你知道你的身体里含有大量的水吗？在我们这颗星球上，也存在着大量的水，我们离不开水。继续往下读，你就能知道如何测量液体。

我很有办法

我们可以把液体倒入有刻度的容器来测量它的体积。体积表示物体占据的空间，也就是说是一个物体的大小。

体积可以以立方米为单位

m^3

水瓶的容量
1 L

你知道吗？
1升水=0.001立方米

地球上的所有海洋中大约有13.32亿立方千米的水！

标签上怎么写？

如果打开冰箱或者储物柜，你会看到许多容器。如果你仔细观察，你会发现它们的标签上也许写着：

升 → L　　毫升 → ml

它们是容积的度量单位

想一想，做一做

算一算，回答以下问题：

a. 5立方米是多少升？
b. 5000毫升是多少升？

答案：
a. 5×1000=5000升
b. 5000÷1000=5升

从较小单位到较大单位，除法

从较大单位到较小单位，乘法

换算	单位	换算
	千升	
÷10 ↑		↓ x10
	百升	
÷10 ↑		↓ x10
	十升	
÷10 ↑		↓ x10
	升	
÷10 ↑		↓ x10
	分升	
÷10 ↑		↓ x10
	厘升	
÷10 ↑		↓ x10
	毫升	

3 较大的单位

用什么单位表示泳池、湖泊甚至大海中的水量？我们可以用升来计算，但是那会是一个很大很大的数字，这时，我们就可以用比升还大的单位：立方米、立方千米等。

4 较小的单位

如果我们必须测量很少的液体的量，比如一罐汽水，我想你已经知道答案了吧——没错，你是对的！我们可以用毫升。

时间如何流逝！

当你在做不同的事情的时候，会发现有时时间过得飞快，有时则特别慢，你一定有过这样的感受，对吧？不过我告诉你，时间总是以相同的速度流逝，而且我们还为时间确立了许多测量单位，一起来看看它们是什么吧！

年和月

地球绕太阳运行一周大约需要365天零6小时，对我们来说，这个周期就是一年。一年分为12个月。

1年=365天零6小时

由于地球的自转和公转，同一位置不同时间受到的太阳光照不相同，且呈周期性变化，于是产生了春夏秋冬四个季节。

春天　夏天

秋天　冬天

地球上的一天

地球还会自转，它自转一圈所需的时间就是一天，这也是我们用来衡量时间的另一个单位。

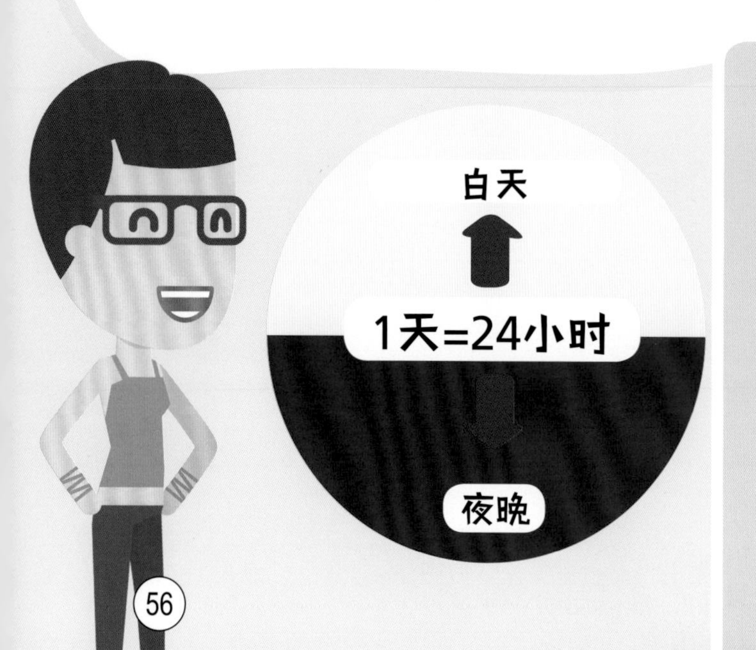

早上的时候太阳升起

地球自转

白天

半小时

30 分钟

1小时=60分钟
1分钟=60秒

3 分和秒

由于一天24小时也是很长的时间，所以我们还有更小的时间单位，比如分和秒。

4 钟表

你戴电子表还是普通手表？它们都能告诉我们时间，唯一的区别是显示时间的方式不同，你想知道有什么区别吗？

普通手表

长针——分钟

短针——小时

电子表

小时　分钟

想一想，做一做

我们的表的指针掉了，你能把它们放回原位吗？请画出来吧。

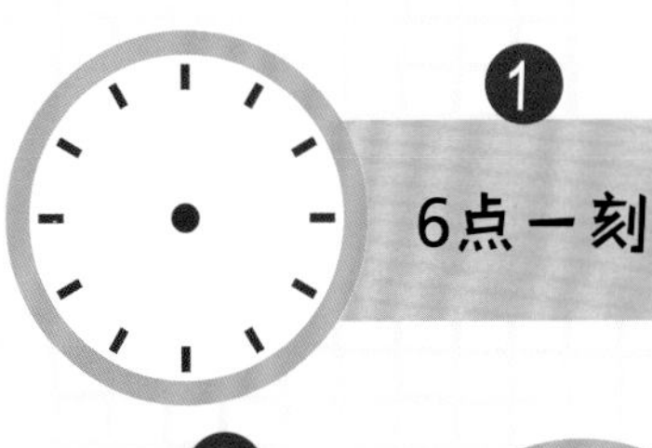

答案：

每个数学家都应该知道的事……

高度：一个物体或图形的顶部和底部之间的距离。

宽度：一个物体或图形从一侧到另一侧的距离。

面积：一个物体表面的大小。

计算：执行数学运算。

周长：封闭图形一周的长度。

半径：将圆的圆周上的点与其中心连接的线段。它的长度是直径的一半。

比较：寻找两个或多个对象，或一组对象之间的相似点和不同点。

直径：一条直线通过圆的中心和圆周上两点，这圆周上两点连成的线段就是直径。

对称轴：将图形或物体分为一模一样的两部分的线。

分数：把一个整体分成若干等份，表示其中的一份或几份的数。

测量：用一定的单位测定某种事物的量，可以知道所测的事物中包含多少这样的单位。我们可以测量距离、重量、时间或温度等。

比例：对象的一部分与整个对象之间的关系。

单位：计量事物的标准量的名称。

体积：三维物体或图形所占据的空间。

图书在版编目（CIP）数据

有意思的百科知识课堂. 数学 / （西）贝林·加科瓦·马丁著 ； 李沛姿译. — 北京 ： 北京时代华文书局, 2020.12

ISBN 978-7-5699-4003-9

Ⅰ. ①有… Ⅱ. ①贝… ②李… Ⅲ. ①自然科学－普及读物②数学－普及读物 Ⅳ. ①N49②01-49

中国版本图书馆CIP数据核字(2020)第263934号

有意思的百科知识课堂　数学

YOU YISI DE BAIKE ZHISHI KETANG SHUXUE

著　　者｜［西］贝林·加科瓦·马丁
译　　者｜李沛姿

出 版 人｜陈　涛
选题策划｜许日春
责任编辑｜沙嘉蕊
责任校对｜凤宝莲
装帧设计｜孙丽莉
责任印制｜訾　敬

出版发行｜北京时代华文书局 http://www.bjsdsj.com.cn
北京市东城区安定门外大街138号皇城国际大厦A座8楼
邮编：100011 电话：010-64267955 64267677
印　　刷｜北京盛通印刷股份有限公司　010-52249888
（如发现印装质量问题，请与印刷厂联系调换）
开　　本｜889mm×1194mm　1/16　　印　　张｜3.75　　字　　数｜74千字
版　　次｜2022年3月第1版　　印　　次｜2022年3月第1次印刷
书　　号｜ISBN 978-7-5699-4003-9
定　　价｜168.00元（全3册）